KB178984

튜링이 들려주는 **암호** 이야기

튜링이 들려주는 암호 이야기

ⓒ 오채환, 2010

초　판　1쇄 발행일 | 2005년 9월 20일
개정판　1쇄 발행일 | 2010년 9월 1일
개정판 13쇄 발행일 | 2021년 5월 31일

지은이 | 오채환
펴낸이 | 정은영
펴낸곳 | (주)자음과모음

출판등록 | 2001년 11월 28일 제2001-000259호
주　　　소 | 04047 서울시 마포구 양화로6길 49
전　　　화 | 편집부 (02)324-2347, 경영지원부 (02)325-6047
팩　　　스 | 편집부 (02)324-2348, 경영지원부 (02)2648-1311
e-mail　| jamoteen@jamobook.com

ISBN 978-89-544-2050-1 (44400)

튜링이 들려주는

암호 이야기

| 오채환 지음 |

주 자음과모음

튜링을 꿈꾸는 청소년을 위한
'암호' 이야기

우리가 익혀야 하는 중요한 지식에는 2가지가 있습니다. 하나는 그것을 잘 아는 사람이 누군가만 있으면 되는, '우체국'과 같은 지식입니다. 보통 편지를 부치기 위해서 굳이 우체국까지 가지 않고 우체통에 넣기만 해도 됩니다. 다른 하나는 누구나 잘 알아야 할 필요가 있는, '우편 번호'와 같은 지식입니다. 편지를 제대로 보내기 원하는 사람은 누구나 우편 번호만큼은 알고 있어야 합니다. 이를테면 오늘날 컴퓨터 관련 정보 통신 분야의 지식은 우편 번호와 같은 지식입니다.

우리에게 '암호'라는 말은 아주 친숙한 반면에, 그에 대한 체계적 이해를 주는 '암호학'이라는 학문은 너무나 생소합니다. 그것은 역사적으로 오랫동안 '우체국'과 같은 성격의 지식이던 것을 현대에 들어 갑자기 '우편 번호'와 같은 성격의 지식으로 대해야 하는 환경 변화의 탓이 큽니다. 컴퓨터의 등장으로 암호 관련 지식은 누군가 아는 사람이 있으면 되는 지식에서, 누구나 알아야 하는 지식으로 급격한 성격 변화를 마친 대표적인 지식입니다.

이제 국력은 그 나라가 보유한 암호 체계의 수준에 달려 있다고 해도 과언이 아닙니다. 나아가 그 나라가 보유한 수학 지식의 수준에 달려 있다는 말조차 현실로 다가오고 있습니다. 이 책은 그 실감나는 현실에 잠시나마 동참하는 기회를 제공하고자 합니다. 컴퓨터 관련 주변 지식에 관한 뜨거운 관심에 비해, 그 핵심 가운데 하나인 암호에 관해서는 무관심에 가까운 태도를 보이는 불균형은 이 책을 애써 펴내는 하나의 동기가 되었습니다.

필자 자신이 이 조그만 책을 쓰는 내내 간직했던 흥미와 흥분에 가까운 즐거움이 읽는 여러분에게 일부나마 전달된다면 더없이 좋겠습니다.

오 채 환

차례

1

튜링을 만나다

암호란 비밀스럽게 간직해야 할 정보를 보호하기 위한 장치입니다.
일상 언어에서의 암호와 암호학에서의 암호는 어떻게 다를까요?

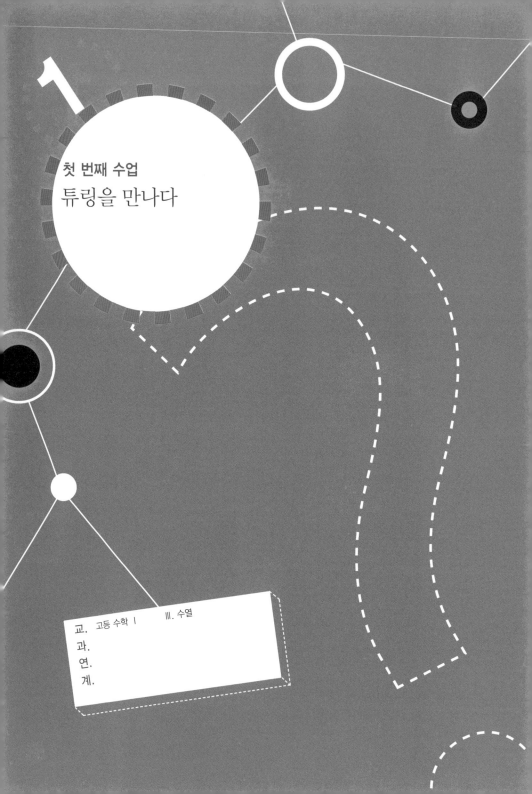

1

첫 번째 수업

튜링을 만나다

튜링이
강의실 문을 열고 들어와
첫 번째 수업을 시작했다.

광인(狂人), 견자(絹者), 향원(鄕原)은 암호 이야기를 들려줄 암호학 분야의 선구자, 튜링을 기다리며 강의실에 앉아 있다.

강의실을 들어서는 튜링은 축구를 하다가도 갑자기 들판에 핀 데이지 꽃을 관찰하는 감수성과 수줍음을 지닌 동시에 컴퓨터가 되는 상상의 기계(튜링 머신)를 고안하는 독창성을 갖춘 20대 청년의 모습이다. 그는 제2차 세계 대전 때 조국의 부름을 받고 독일군의 암호를 해독해 냈으며, 암호 체계의 역사가 기계 암호에서 컴퓨터 암호로 넘어가는 분기점에서 큰 역할을 했던 인물이다.

안녕하세요! 반갑습니다, 여러분.

광인, 향원, 견자 안녕하세요, 선생님.

이번 수업에서는 일상 언어에서의 암호와 암호학에서의 암호가 어떻게 다른지 배워 봅시다. 귓속말이나 어떤 집단의 사람들이 자기들끼리만 알아듣도록 사용하는 은어는 암호와 비슷한 기능을 하지만 암호라 할 수 없습니다. 또한 우리가 요즘 자주 쓰는 패스워드라는 것도 별 생각 없이 암호라고 하지만 엄격하게 말해서 그것 역시 암호라고 할 수 없습니다. 패스워드는 제삼자가 정보에 접근하는 것을 막는 장치일 뿐이지요.

반면에 암호란, 정보의 내용이 관계있는 사람 사이에만 이해되도록 꾸민 약속 기호입니다. 즉, '접근은 허용'하지만 무슨 내용인지 못 알아보게 만든 약속 기호이지요.

암호학은 최첨단 학문 중의 하나로서, 특히 수학을 바탕으로 암호 체계를 탐구하고 개발하는 학문이라 할 수 있습니다. 그 중요성은 날로 커져 가고 있지요. 따라서 수학적 재능을 지닌 우수한 학생들이 많은 관심을 보이고 있는 분야입니다.

흔히 학생들이 이런 말을 많이 하잖아요.

"실생활과는 관계가 없어 보이는 수학을 왜 모든 학생이 배워야 하나요? 도대체 소수정리나 나머지정리는 왜 배우는 건가요? 수학 시험 보는 데 말고는 써 먹을 데가 없어 보여요."

그런 말을 들으면 나는 딱 한마디만 한답니다.

"암호학을 배워 보세요."

견자 그렇다면 암호학에서 수학이 구체적으로 어떤 역할을 하지요?

그 점을 밝히는 것이 우리의 최종 목표랍니다. 이제 목표가 생겼으니 용기를 가지고 배워 볼까요?

먼저 암호라는 것이 무엇인지 정리해 보는 것이 좋겠습니다. 암호란 '가치 있는 정보의 기밀을 보호하기 위한 장치'라고 할 수 있습니다. 말하자면 '비밀 통신 장치'이지요. 물론 비밀을 유지할 필요가 없는 정보, 널리 알려질수록 좋은 정보도 있습니다. 그런 정보만 있다면 당연히 암호도 필요 없겠지요.

그렇지만 정보들 중에는 제한된 상대에게만 알리고자 하는 정보가 많이 있습니다. 고급 정보일수록 그렇지요. 그런데 사람들은 정보 통신이라고 하면 소통이라는 한 측면만 생각하고 비밀 유지(차단)라는 측면을 무시하곤 합니다. 그래서 암호의 중요성은 물론, 존재 자체도 잊기 쉽습니다.

광인 정보 통신의 다른 한 측면인 비밀 유지(차단)가 중요한 만큼 그 핵심 수단인 암호도 무척 중요하군요.

그렇습니다. 정보가 알려지는 걸 막는 비밀 통신은 비밀 유지 방식에 따라 크게 둘로 나눌 수 있습니다. 하나는 정보가 담긴 메시지가 쉽게 드러나지 않도록 메시지를 고스란히 숨겨서 전달하는 방식(은폐)이고, 또 하나는 메시지를 약속에 따라 다른 형태로 전달하는 방식(변형)입니다. 앞의 방식을 메시지의 존재 자체를 감추는 기술로서 스테가노그래피(steganography)라 하고, 나중 방식은 메시지의 존재는 노출시

키지만 의미를 감추는 기술로서 크립토그래피(cryptography)
라 합니다.

  암호라 하면 비밀 통신 중에서도 특히 크립토그래피, 즉 메
시지 변형 방식(메시지의 의미 감추기)과 관련된 것만을 뜻하
지요. 지금은 생소할지 모르지만 이 책을 읽고 난 후에는 엄

은폐된 정보:숨은 그림 찾기
(못과 운동화)

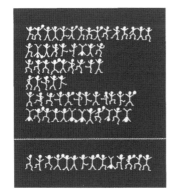

변형된 정보:에드거 앨런 포의 ≪황금
풍뎅이≫에 나오는 키드 선장의 비밀
문서(위)와 ≪춤추는 난쟁이≫에서 셜
록 홈스가 의뢰받은 암호 메시지와 홈
스가 범인에게 보낸 암호문(아래)

청나게 중요하다는 것을 알게 될 암호학을 크립톨로지
(cryptology)라고 부르는 것과도 관련이 있지요.

견자 이름이 낯설어서인지 구분이 쉽지 않아요.

그래도 지금 이것들을 구분할 줄 알게 되면 앞으로 암호 이
야기를 이해하는 데 도움이 됩니다. 크립토그래피는 다시 메
시지를 바꾸는 방식(변형)에 따라 2가지로 나눠 볼 수 있어요.

바로 전치와 대체가 있지요. 2가지 모두 메시지의 모습을
바꾸는 것은 같지만, 전치는 메시지의 문자 배열 순서를 바
꾸는 변형이고, 대체는 메시지의 글자나 단어 또는 문장을
약속에 따라 다른 문자나 단어로 바꾸는 변형입니다.

대체는 다시 2가지로 나뉩니다. 하나는 메시지의 글자 하
나씩을 다른 문자나 기호로 바꾸는 것으로 사이퍼(cipher)라
하고, 다른 하나는 단어나 구를 다른 단어나 문자로 바꾸는
것으로 코드(code)라고 합니다.

암호는 그야말로 인류의 역사와 함께 진화해 왔습니다. 다
음 시간부터는 이러한 암호의 발자취를 확인해 보겠습니다.

패스워드	제삼자의 접근 또는 통과를 차단하기 위한 식별어		
비밀 통신 (암호)	스테가노그래피(메시지 자체를 은폐하기)		
	크립토그래피 (메시지 외형 바꾸기)	전치(전위) (메시지 어순 바꾸기)	
		대체 (메시지 문자의 교체)	코드 (구나 단어를 교체)
			사이퍼 (낱글자 교체)

이런, 암호를 잊어버렸네. 암호가 뭐였지?

그건 암호가 아니라 패스워드라고 해야지.

맞아요. 우리가 패스워드를 암호라고 부르지만 엄격하게 말해서 암호라고 할 수 없어요.

왜 그런가요?

암호란 정보의 내용과 관계 있는 사람 사이에만 이해되도록 꾸민 약속 기호예요.

즉, 접근은 허용하지만 무슨 내용인지 못 알아보게 만든 약속 기호지요.

아, 그렇군요. 그럼 그런 암호를 만들고, 또 알아내려는 사람이 있겠군요.

열려라~ 참깨? 둘째?

맞습니다. 그런 학문을 암호학이라고 하는데, 수학을 바탕으로 하는 학문으로서 그 중요성이 날로 커져 가고 있어요.

그렇다면 암호학에서 수학이 구체적으로 어떤 역할을 하나요?

암호학

그 점을 밝히는 것이 우리가 이제부터 펼칠 암호 이야기의 최종 목표예요.

와, 신난다! 그런데 수학을 바탕으로 한다니 좀 자신이 없는 걸….

$ax+b=c$

$a=b$

x^2

그래서 튜링 선생님이 계신 것 아니겠어? 그렇죠, 선생님?

하하하, 나만 잘 따라와 준다면 문제없습니다. 이제부터 인류와 함께 진화해 온 암호의 발자취를 확인해 보도록 하죠.

발자취?

2

스테가노그래피

짙은 화장을 해도, 가발을 쓰고 변장을 해도 괜찮습니다.
이것은 스테가노그래피입니다.

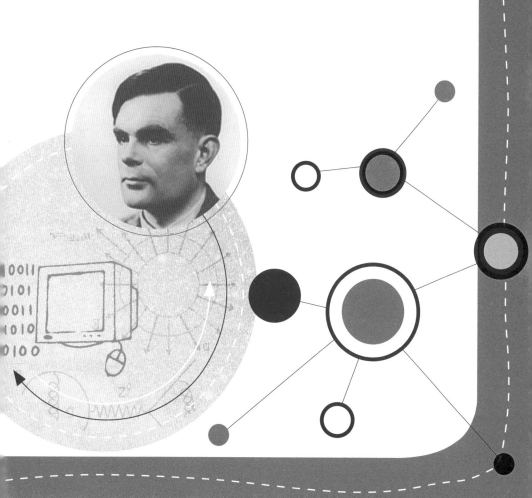

2

두 번째 수업

스테가노그래피

튜링이
지도 하나를 가지고 들어와
두 번째 수업을 시작했다.

스테가노그래피는 메시지의 존재 자체를 감추는 비밀 통신
의 방법입니다. 이 말은 그리스어 스테가노스(steganos, 덮다)
와 그라페인(graphein, 쓰다)이라는 단어를 합쳐서 만든 용어
입니다.

간단한 예를 들어 볼까요? 견자의 집에 보물선의 침몰 위
치가 그려진 지도가 있다고 합시다. 그 지도는 특별히 이상
한 기호나 도형으로 된 것이 아니라 글을 읽고 쓸 줄 아는 사
람이면 누구나 읽어 낼 수 있도록 그려졌습니다. 그리고 그
지도는 액자에 넣어 거실 벽에 걸려 있기 때문에 누구나 그

집에 들어서기만 하면 볼 수 있습니다. 이런 경우 안전 장치라고는 오직 집 열쇠뿐이지요. 이때 집 열쇠는 패스워드에 해당합니다. 하지만 그것으로는 불안해 액자를 대형 금고 속에 넣었습니다. 2중 안전 장치를 했다고 생각한 견자는 조금 더 안심을 할 수 있겠지요. 그러나 그건 이중 패스워드일 뿐입니다.

견자 아직은 스테가노그래피가 아닌가요?

그래요. 그래서 이번에는 보물 지도가 다른 사람의 손에 넘어갈 경우에도 대비해야겠다고 생각하고, 지도의 내용이 쉽게 드러나지 않도록 하는 방법을 찾았습니다. 지도의 그림과 문자 위에 특수 잉크로 교묘하게 덧그림을 그려서 여느 풍경화처럼 보이도록 했습니다. 보통 사람의 눈에는 풍경화로 보이지만, 특수 제작된 편광 안경을 가진 주인은 지도의 내용을 정확하게 읽어 낼 수 있도록 말이죠. 이것이 바로 스테가노그래피, 즉 메시지 감추기(은폐)의 예가 됩니다.

영화에서 특수 무색 잉크로 쓴 편지를 난로에 쪼이면 메시지가 나타나는 것을 본 적 있을 거예요. 또 모든 문장의 머리글자만 떼어서 연결하면 메시지가 드러나도록 만드는 기법도 흔히 볼 수 있는 스테가노그래피, 즉 메시지 감추기의 일종입니다. 참으로 간편하고 감쪽같은 기법이지요. 그런데 문제가 있습니다. 그것이 감쪽같을수록 제삼자뿐만 아니라 지정된 수신자나 심지어는 만든 당사자조차도 숨겨진 메시지를 읽지 못할 우려가 있을 수 있어요.

견자 그런 일이 실제로 있었나요?

고대 그리스 역사에 무척 재미있는 사례가 있습니다.

역사학의 아버지 헤로도토스(Herodotos)가 전하는 이야기로, 페르시아에 시달리던 이오니아 쪽 도시 밀레토스의 왕은 페르시아에 반기를 들라는 은밀한 지령을 받았답니다.

그러자 밀레토스의 왕은 페르시아의 감시를 피하기 위해 전령사를 삭발시키고 그의 머리에 메시지를 적은 다음 머리가 자란 후 보냈지요. 전령사는 목적지에 안전하게 도착한 후에 머리를 깎고 거기에 쓰인 메시지를 보여 줌으로써 비밀 통신의 목적을 감쪽같이 달성할 수 있었습니다. 아마 전령사도 메시지가 어떤 내용인지는 몰랐을 것입니다.

고대 중국에서도 비밀스러운 방법을 사용했습니다. 비단에 메시지를 적고 그걸 밀랍에 싸서 전령사로 하여금 삼키

게 하였지요.

또 16세기 이탈리아의 과학자 포르타(Giambattista Porta, 1535~1615)는 삶은 달걀을 이용해서 메시지를 숨기기도 하였습니다. 삶은 달걀의 껍질에 백반 1온스(28.35g), 식초 1파인트(0.57L)를 섞은 잉크로 글씨를 쓰면, 달걀 껍질의 미세한 구멍으로 잉크가 스며들어 굳은 흰자위 위로 메시지가 옮겨 적힙니다. 그 메시지는 달걀 껍질을 벗겨야만 읽을 수 있으므로 비밀 통신을 감쪽같이 달성할 수 있었지요.

그렇지만 이런 방법들은 한 번 알려지면 금방 의심을 받게 되고, 상대방의 심문 검색에 의해 쉽게 들통이 나기 때문에 끊임없이 새로운 기법을 개발해야 하는 부담이 있습니다.

견자 재미있어요. 또 다른 이야기도 해 주세요.

이번에는 작성할 때는 물론이고 해독할 때에도 동일한 기구가 필요한 스테가노그래피의 예를 들어 볼까요?

암호의 역사에서 스테가노그래피를 살펴볼 때 빼놓을 수 없는 인물이 바로 카르다노(Girolamo Cardano, 1501~1576)입니다. 카르다노는 삼차방정식의 일반 해법 논쟁으로 유명한 이탈리아의 수학자이지요. 그는 사각형으로 파낸 격자 판을 메시지 판 위에 겹친 상태에서 진짜 메시지를 적은 다음, 격자 판을 치우고 여백에 글씨를 채움으로써 혼란을 일으키는 방법을 사용하였습니다.

Dear Martin,
maybe you have already been told that the boss belives
that at the operation the police had been informed in
advance. he therefore will send bob to all the people he
considers trustworthy in order to get their opinion on where the leak
could be. bob will come next monday at noon

Greetings Jack

b	o	b
h		a
s	a	
g		
u		n

위 그림처럼 평범한 문장 속에 감춰진 암호문이
아래 그림과 같은 격자 판으로 가리면 쉽게 드러남

이 방법은 동일한 격자 판으로 가리지 않고는(작성자 본인조차도) 나중에 적어 넣은 글씨와 진짜 메시지를 구별해 낼 도리가 거의 없다는 점이 강점입니다. 이때 격자 판은 마치 현대 암호 체계의 대칭 키에 해당한다고 할 수 있습니다. 이러한 카르다노 격자 판은 16~17세기의 많은 국가들이 외교 문서를 작성하는 데 사용되었지요.

광인 재미있는 방법이지만 좀 허술해 보여요. 상대도 같은 격자 판을 가지고 있어야 하는 문제도 있고요.

그렇습니다. 그럼, 조금 더 정교한 예를 들어 볼까요?

17세기 영국 청교도 혁명 시절의 이야기입니다. 혁명을 이끌던 크롬웰에 의해 체포된 왕당파 충신 존 트레베리언 경에게 다음과 같은 '숨겨진 메시지'가 전달되었습니다. 그 당시 영어로 쓰인 편지의 처음과 끝 부분입니다.

> Worthe Sir Hohn.
> Hope, that is ye beste comfort of ye afflicted, cannot much, I fear me, help you now, That I would say to you, is this only: if ever I may (……) have done. The general goes back on Wendnesday. Restinge your servant to command.
> — R. T.

이제 여기에 담긴 비밀 메시지를 찾아봅시다. 이 비밀 메시지는 철자의 순서도 바꾸지 않았고 다른 문자를 대체하지도 않았습니다. 메시지의 각 철자 사이에 혼란을 유도하는 문자가 삽입되어 있을 뿐입니다. 메시지와 조합 원칙을 어떻게 알아낼 것인가가 문제이긴 하지만, 다음의 방법을 사용해 봅시다.

편지글에서 마침표를 포함한 모든 구두점 다음의 세 번째 철자만 조합합니다. 왼쪽 편지에서 짙게 표시된 부분입니다. 조합한 메시지는 'panelate(⋯⋯)es'(편지 전체를 이런 식으로 조합하면 'panelateastendofchapelslides'임)이고 띄어쓰기를 하면 이렇지요. 'panel at east end of chapel slides', 즉 '예배당의 동쪽 끝에 있는 판자를 밀어 보라'라는 뜻이 됩니다.

트레베리언 경은 다행히도 이 메시지를 알아채고는, 회개할 수 있게끔 예배당에서 1시간만 있게 해 달라고 요청했습니다. 그리고 자유를 얻었지요.

향원 제가 암호 해독가가 된 것 같은 기분이 들어요. 한국에는 그런 예가 없나요?

음⋯⋯. 한국은 조선 시대 말기부터 대한 제국 때까지 수

많은 서구 문물이 들어왔지만 그 속에는 암호가 포함되지 않았던 것으로 기억합니다. 중요한 비밀 사항은 여전히 밀사를 통해 서신(암호화하지 않은 메시지)을 전달하거나 당사자가 직접 방문하여 밀담으로 나누었지요.

수수께끼 같은 한자의 파자, 즉 한자의 모양을 풀어서 특별한 뜻으로 해석하는 놀이가 유행하기도 했습니다만 그것을 암호라 부르기에는 좀 부족한 면이 있습니다.

암호는 시험 부정 행위에서도 흔히 발견되는데, 과거 시험으로 사람을 뽑았던 조선 시대에는 아주 초보적인 스테가노그래피를 이용한 부정 행위가 더러 있었습니다. 《조선왕조실록》에 보면 채점관의 개인적인 친분을 이용한 부정 행위에 관한 기록이 있습니다. 그때는 수험생의 이름을 가리는 방법을 사용하여 채점관의 부정을 막고 있었는데, 간혹 수험생의 이름을 가리더라도 채점관이 알아볼 수 있도록 교묘하게 표시해 두는 부정 행위를 했던 것입니다. 다른 사람 눈에는 답안의 일부로 보이겠지만 미리 약속한 채점관의 눈에는 달리 보이겠지요. 이러한 부정 행위는 분류상으로 볼 때 전형적인 스테가노그래피의 예라 할 수 있습니다.

사료로 확인할 수 있는 스테가노그래피의 예를 들자면 사발통문이라는 것이 있겠네요. 동학 농민 운동 당시 통문(여러 사

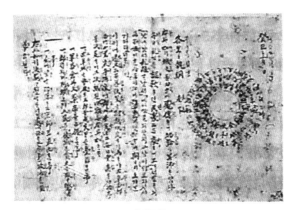
사발통문

람의 이름을 적은 문서)을 쓰면서 주모자의 이름을 알 수 없도록
모든 서명자 이름을 열거하되 둥글게 만들었는데, 그 모양이
사발과 같다 하여 사발통문이라 했다고 합니다.

향원 그렇다면 스테가노그래피, 즉 '메시지 숨기기'는 암호
의 옛날 형태라 할 수 있겠군요.

그렇지 않습니다. 현대에 들어 암호라고 하면 크립토그래
피가 주류를 이루기는 하지만, 스테가노그라피도 자체적으
로 발전을 거듭하며 지금까지 이어져 오고 있습니다.
사진술이 발달하게 된 제2차 세계 대전 때 많이 이용되었
던 마이크로도트라는 기법이 있습니다. 주로 중남미에서 활

동하던 독일 스파이들이 사용한 것으로 한 페이지에 달하는 메시지를 1mm도 안 되는 작은 점으로 축소해서 평범한 편지의 마침표 위에 붙여 보냈지요. 그러나 이 기법은 필름으로 된 편지에서 마침표만 유난히 반짝이는 것을 의심한 미국 FBI에 의해서 들통나고 말았습니다.

그렇지만 조심스러운 독일군은 이미 중요한 메시지를 크립토그래피로 만든 다음에 마이크로도트로 축소시켰기 때문에, 미국 측은 독일 스파이들의 통신을 교란시킬 수는 있었어도, 거기 담긴 내용을 해독해서 새로운 정보를 얻어 내는 데는 별도의 노력이 필요했습니다.

여기에서 비밀 통신의 2가지 방법 중 통신문이 가로채이는 최악의 경우가 생기더라도 정보는 밖으로 새어 나가지 않는다는 점에서 크립토그래피가 더 효과적임을 확인할 수 있습니다. 그래서 크립토그래피가 현대 암호 기법의 주류로 자리 잡게 된 것이기도 하고요.

광인 좀 더 현대적인 스테가노그래피의 예도 알려 주세요.

컴퓨터가 등장하면서 크립토그래피만이 아니라 스테가노그래피도 더욱 발전하게 되었습니다.

마카도(Romana Machado)라는 사람은 '스테고(Stego)'라는 이름의 획기적인 프로그램을 개발했는데, 그것은 특이 사항을 전혀 찾을 수 없는 전자 표에 데이터를 숨기는 방식입니다. 이를테면 겉보기엔 교황의 초상화인데 그 속에 고성능 폭탄의 설계도가 숨겨져 있는 식이지요.

향원 둘 다 현대까지 계속 발전해 왔으니, 스테가노그래피는 옛날 방식이고 크립토그래피는 현대적인 방식이라 할 수는 없네요. 다만 메시지의 성격에 따라 각각 채택하는 방식을 달리하였다는 의미이지요?

그렇습니다.

견자 선생님, 우리 주위에서 흔히 보고 사용하는 것에서 예를 들면 어떤 것이 있을까요?

마침 좋은 예가 있습니다. 특히 꼭 비밀스러운 정보를 전달하는 용도로만 쓰이지 않는 예이기도 합니다. 은행 계좌 번호나 신용 카드 번호 그리고 책마다 부여되는 ISBN(국제표준도서번호) 등의 끝자리 수는 숨겨진 추가 정보를 담고 있습니다. 이것은 감추어야 할 비밀스러운 정보가 아니라 잘못을 방지하기 위한 검사 수(check figure)입니다. '진짜' 계좌 번호나 '진짜' 신용 카드 번호, '진짜' ISBN이 아니고, 무언가 별도의 정보를 담아 덧붙인 수이므로 스테가노그래피 기법이 적용된 예로 분류됩니다.

그렇지만 이것의 용도는 비밀스러운 정보를 감추는 것이 아니라, 사용자 입력 오류나 처리 과정상의 오류를 점검하여 방지해 주는 장치로서 아주 특수한 경우라 하겠습니다.

견자 아하, 그렇군요!

지금까지 역사적인 예를 들면서 스테가노그래피에 관해 설명했습니다. 비밀 통신의 발전 과정은 임의적인 수작업에 의한 단계에서 간단한 도구나 기계를 이용한 단계를 거쳐 컴퓨터를 이용한 단계까지 왔습니다. 이런 단계적 발전 과정은 스테가노그래피뿐만 아니라 크립토그래피의 경우에도 마찬가지입니다.

향원 그렇다면 현대 암호의 주된 방식이라는 크립토그래피도 오랜 역사를 갖고 있겠네요. 거기에도 흥미진진한 사례들이 많이 있겠죠?

그렇습니다.

견자 정말 기대돼요.

그럼 먼저 스테가노그래피의 문제점이 무엇인지 정리해 둘 필요가 있겠네요. 스테가노그래피의 문제점은 크립토그래피의 등장과도 관련이 있으니까요.
우선 패스워드와 암호는 어떻게 구별되나요?

견자 패스워드는 단순히 메시지에 대한 접근을 제어 · 차단

하는 보안 장치이기 때문에 메시지를 가공하여 비밀을 유지하도록 하는 암호와는 성격상 일차적으로 구별됩니다.

그러면 메시지 가공이 그 존재 자체에 혼선을 빚도록 은폐시키는 스테가노그래피와 메시지의 존재는 노출시키면서 의미에 혼선을 빚도록 변형시키는 크립토그래피는 어떻게 구별할 수 있을까요? 둘은 아주 반대되는 성격을 가지고 있기 때문에 스테가노그래피의 성격을 알면 크립토그래피의 성격도 얼른 파악해 낼 수 있습니다.

메시지를 감추는 방식인 스테가노그래피는 그때그때 필요에 따라 임의로 만들어 쓸 수 있다는 편의성이 있습니다. 엄격한 규정을 정할 필요가 없을뿐더러 정하기도 어렵습니다. 그런데 현대에는 여러 사람이 한꺼번에 하는 비밀 통신이 확대되면서 표준적이고 체계적인 암호를 만들어야 할 필요가 생겼습니다.

이때 크립토그래피는 일정한 프로토콜(protocol, 통신 규약)을 바탕으로 암호화하기 좋은 데 비해 스테가노그래피는 그렇지 못한 것이 결정적인 약점으로 작용합니다. 물론 임의로 만들 수 있다는 것은 달리 말해 제작이 쉽다는 장점이기도 하지만 그만큼 쉽게 해석할 수 있다는 의미이기 때문입니다.

그래서 스테가노그래피의 한계점은 다음의 3가지로 요약해 볼 수 있습니다.

무엇보다 가장 큰 한계는 존재의 노출이 바로 메시지 내용의 노출을 의미한다는 점, 그래서 철저하게 숨기려고 하면 할수록 통신 당사자도 찾아내지 못할 수 있다는 점, 심지어는 아무 내용이 없는 메시지조차 숨겨진 내용이 들어 있는 것으로 착각할 수도 있다는 점입니다. 그리고 이 모든 약점을 보완할 수 있는 것이 바로 크립토그래피이지요.

어때요, 좀 정리가 됐나요? 다음 시간에는 더욱 본격적인 암호 체계, 크립톨로지를 살펴보도록 하겠습니다.

크립토그래피 1 : 전위

화장을 지우고 가발을 벗어도
본래의 모습이 드러나지 않게 하려면 어떻게 해야 할까요?
이목구비를 조금씩 바꾸는 성형 수술도 하나의 방법이겠지요.

3

세 번째 수업

크립토그래피 1 : 전위

튜링은 크립토그래피의
기법 중 하나를 소개하며
세 번째 수업을 시작했다.

　자, 첫 번째 수업에서 메시지를 변형시키는 2가지 방법으로 무엇이 있었나요? 메시지 글자들의 배열 순서를 바꾸는 전치(전위)와 다른 글자나 단어 혹은 문장으로 바꾸는 대체가 있다고 했습니다. 그것들의 예를 누가 한번 말해 볼까요?

　향원 메시지를 구성하는 단어들을 거꾸로 읽거나 혹은 문장을 거꾸로 읽는 놀이를 한 적이 있어요. 이를테면 '튜링이 들려주는 암호 이야기'를 '이링튜 는주려들 호암 기야이'로 읽거나 '기야이 호암 는주려들 이링튜'로 읽는 것이죠. 이것은 전위에 해당합니다.

또한 영문 자판 상태에서 한글 메시지를 입력시키는 방식을 취하면 '튜링이 들려주는 암호 이야기'는 'xbflddl emffuwnsms dkagh dldirl'로 나타납니다. 이것은 대체에 해당됩니다. 제 이메일 패스워드는 'giddnjs'인데 이것 역시 영문 자판 상태에서 제 이름 '향원'을 친 것입니다.

향원이 든 예가 좀 어색하긴 하지만 그 의미를 정확하게 알고 있군요. 특히 향원이 패스워드로 이용한 것은 다음 수업 시간에 배울 내용으로 크립토그래피에서도 대체 사이퍼를 사용한 것이라고 말할 수 있습니다.

자, 그러면 2개의 새로운 용어를 알아 둡시다. 지금까지는 그냥 메시지라고만 하면 충분했는데, 크립토그래피 기법에서는 '평문'과 '암호문'이라는 두 용어로 구분할 필요가 있습니다. 이 점은 크립토그래피의 두드러진 특징입니다. 스테가노그래피에서는 이런 용어 구분이 필요하지 않기 때문입니다.

견자 선생님, 이젠 크립토그래피와 스테가노그래피는 구별할 수 있어요. 하지만 크립토그래피에서 전위 방식과 대체 방식의 구별에는 아직 자신이 없어요.

전위 방식의 크립토그래피는 순서만 바꾼 것이기 때문에 사용된 글자의 수는 물론이고 종류까지 평문과 암호문이 일치합니다. 향원이 들었던 예를 이용해서 설명하자면 암호문 '동포동포'는 평문 '포동포동'과 마찬가지로 모두 '포'자 2번, '동'자 2번의 같은 빈도를 보입니다.

그렇지만 대체 방식의 크립토그래피는 평문 문자와 전혀 다른 암호문 문자로 대체되기 때문에 종류까지 일치하지는 않고, 나온 글자가 같은 정도로 반복되는 빈도의 비만 일치합니다. 이 점은 나중에 암호문 해독의 중요한 단서가 되지요.

견자 이번에도 역사적인 예를 들어 설명해 주세요.

그럴게요. 기구를 사용한 암호문 작성법이 맨 처음 역사에 등장한 것은 소크라테스가 살던 시절인 기원전 400년 즈음입니다. 고대 그리스의 군대, 특히 스파르타 사령관들끼리 비밀 통신을 할 때 사이테일(Scytale, '스키테일'이라고도 함)이라는 기구를 사용했습니다.

사이테일은 길이와 굵기가 같은 2개의 나무 봉으로, 하나는 본부에 두고 나머지 하나는 파견 지역 장군의 지휘소에 두었습니다. 사용 원리는 아주 간단합니다. 기다란 띠 모양의 메시지 용지를 사이테일에 돌돌 감습니다. 마치 철심에 코일을 감는 것처럼 말이죠. 그리고 나서 그 위에 메시지를 적습니다.

그런데 메시지를 적을 때는 '용지가 감긴 방향을 따라' 적으면 아무 소용이 없습니다. 그것을 펼치면 문자는 우리가 읽을 수 있게 제 순서대로 배열되어 있으니까요.

따라서 '용지가 감긴 방향을 무시하고 막대의 한 면을 따라' 메시지를 적어야 합니다. 그러면 용지가 감아진 상태에서의 문자열은 평문이고, 용지를 풀어서 읽으면 바로 암호문이 되지요. 이런 암호문은 평문 글줄의 수(행 수)만큼 모든 문자가 일률적으로 벌어지는 전치가 됩니다.

예를 들어 볼까요? 이몽룡이 성춘향에게 사이테일을 이용해서 다음과 같은 비밀 메시지를 보냅니다.

토요일 밤에는 물방앗간에서 다시 만납시다

이걸 사이테일 위에 적은 평문은 다음과 같습니다.

토요일밤에는
물방앗간에서

다시 만납시다

(글줄이 3행)

이몽룡은 전령사인 방자에게 사이테일에서 떼어낸 메시지 용지를 쥐어 줍니다. 그것에는 다음과 같은 암호문이 적혀 있지요.

토물다요방시일앗만밤간납에에시는서다

(모든 글자는 다음에 오는 3번째 글자와 이어져야 평문의 순서가 됨)

이 암호문을 전해 받은 춘향은 이몽룡과 같은 사이테일에 감아 보고 원래의 평문을 쉽게 확인할 수 있을 테지요.

사이테일

누구나 간단히 만들수 있는 사이테일

광인 선생님, 그 정도라면 사이테일이라는 기구가 없더라도 쉽게 해독할 수 있을 것 같은데요?

향원 저는 그렇지 않다고 봐요. 선생님의 설명은 원리를 쉽게 이해할 수 있도록 간단한 예를 들었기 때문일 거예요.

하하, 두 사람의 말이 다 옳아요. 여기서 주의해야 할 것은 사이테일을 사용했던 언어권이, 한글처럼 자음과 모음을 조합해서 완성시킨 글자 단위의 전위가 아니라, 알파벳을 가로로 열거하는 철자 단위의 전위를 한다는 사실입니다. 다시 말해 한글로 된 암호문일 경우 조합 완성된 글자들로 순서를 맞춰 가며 평문을 복원하는 데 비해, 알파벳과 같은 언어를 이용한 암호문은 철자들을 단위로 한다는 것입니다. 해독이 훨씬 더 어려워지겠죠.

예를 들어 봅시다.

'네 남자'의 순열은 경우의 수가 3!, 즉 6가지인데 비해 'four men'은 'ㄴ ㅔ ㄴ ㅏ ㅁ ㅈ ㅏ' 처럼 생각해 볼 수 있으니 경우의 수는 7!, 즉 5,040가지나 되지요. 더구나 한글은 무조건 자음으로 시작하지만 알파벳은 그런 제약도 없고요.

다음 문장을 보세요.

For example, consider this sentence.

    위의 문장은 여백을 포함하여 35문자(마침표는 언제나 마지막에 오는 것이므로 순열에 기여하지 않음)입니다. 따라서 그 순열의 가짓수는 35!이지요. 무려 5×10^{31} 가지나 되는 것이지요. 이 수는 보통 사람이 수작업으로 확인하면 전 인류가 한꺼번에 쉬지 않고 밤낮으로 한다고 해도 우주 나이의 1,000배에 해당하는 시간이 걸린답니다. 그렇지만 이 정도 길이의 암호문쯤은 사이테일에 감아서 읽으면 불과 몇 초도 안 걸리지요.

수학자의 비밀노트

팩토리알(factorial, 계승)

1부터 어떤 양의 정수 n까지의 정수를 모두 곱한 것을 말하며 $n!$로 나타낸다.

예를 들어 7가지 다른 대상을 늘어놓는 방법은 첫 자리에 올 하나의 대상을 고르는 방법 7가지, 나머지 6개 대상 중에서 둘째 자리에 올 수 있는 방법 6가지, …… 하는 식으로 생각하여 $7!=7 \times 6 \times 5 \times 4 \times 3 \times 2 \times 1$이고 줄여서 7!로 표시한다.

견자 우아, 하찮아 보이는 막대기가 굉장한 역할을 하는 군요!

그렇습니다. 실제로 그리스가 막강한 페르시아 제국의 침공을 물리칠 수 있었던 이면에는 사이테일을 잘 활용한 비밀 통신 기법이 있었죠. 나라를 구한 막대기라고나 할까요?

견자 정말 재미있습니다. 또 다른 전위의 예도 들어 주세요.

전위는 일종의 글자 퍼즐 게임이라고 할 수 있습니다. 애너그램(anagram)이라는 이름을 들어 보았을 거예요. 단어의 철자 순서를 바꾸는 게임도 이런 이름으로 불립니다. 특히 근대 과학자들의 애너그램은 유명하지요. 그중 갈릴레이(Galileo Galilei, 1564~1642)는, 실제로 그 내용 자체는 옳지 않지만 자신이 발견한 내용을 다음과 같은 전위 암호문으로 남겼습니다.

나는 가장 높은 곳에 있는 별 3개를 관측했다.

당시 '가장 높은 곳'이란 태양으로부터 가장 멀리 떨어진 것으로 알고 있던 토성을 뜻하고, 그것의 위성을 3개 관측했

다는 주장이지요. 그는 이 문장을 라틴어로 적은 후 철자를
뒤섞어 만든 애너그램으로 기록해 두었습니다.

라틴어 평문

altissimvm planetam tergeminvm observavi

애너그램 암호문

SMAISMRMILMEPOETALEVINIBVNENVGTTAVIRAS

이러한 애너그램에서 평문을 재구성하기란 불가능에 가깝
지요.

견자 선생님, 근대 과학자들은 왜 자신의 발견을 곧이곧대로 발표하지 않고 해독이 불가능할 정도로 암호화해서 남겼을까요? 과학적 발견은 널리 알려질수록 더 좋은 정보잖아요.

좋은 질문입니다. 근대가 시작될 무렵에는 모든 세계관과 가치관에서 무엇보다 종교가 먼저였습니다. 그런데 새로운 과학적 발견은 종교적 세계관과 대립되는 사실을 많이 포함하고 있었기 때문에, 과학자들은 자신의 발견을 발표하는 것을 주저할 수밖에 없었습니다. 그렇다고 기록조차 남겨 놓지 않으면 자신의 발견이 뒤늦게 발견한 사람의 몫으로 돌아가는 일이 생기고 말 테지요. 그래서 '지금은 드러내지 않지만 최초 발견의 권위를 확실히 주장할 수 있는 근거'를 손쉽게 마련하는 방안으로 생각한 것이 애너그램입니다.

광인, 견자, 향원 그렇군요!

1가지 덧붙일 이야기가 있습니다. 같은 전위 암호이긴 하지만 근대 과학자들의 애너그램은 사이테일을 이용한 형태를 비롯한 보통 전위 암호와는 다른 특징이 있답니다.

즉, 다른 어떤 사람과 비밀 통신을 하기 위한 것이 아니고,

오직 자기 자신만 평문으로 복원해 낼 수 있으면 되지요. 어디까지나 증거 자료를 남기려는 목적이니까요. 따라서 다른 사람과의 복호 규약을 미리 맞춰 놓을 필요도 없고 배열도 자유로운 무작위 자체라고 할 수 있지요.

또한 네덜란드의 과학자 하위헌스(Christiaan Huygens, 1629~1695)도 '그것(행성)에는 얇고 평평한 고리가 적도 둘레에 감겨 있다. 황도면과는 약간 기울어져 있다'라는 사실을 라틴어 문장의 애너그램으로 기록해 놓았습니다. 하위헌스 애너그램의 특징은 단순하게 알파벳 순서대로 작성했다는 것인데, 그는 3년 후에 평문을 공개했다고 합니다.

이와 같은 애너그램의 활용은 과학이 종교적 세계관으로부터 자유로워질 때까지 계속되었지요.

견자 그러면 과학이 종교로부터 자유로워진 이후에는 애너그램 형태의 암호는 사라졌나요?

그렇지는 않습니다. 최근에도 애너그램의 장점이 필요한 경우에는 계속 사용되고 있습니다. 그 대표적 예로, 미리 공개되면 불화를 일으킬 가능성이 있는 유서를 애너그램으로 작성해 두는 것입니다. 이를테면 막내에게 전 재산을 상속시

킨다고 할 때, 궁금해하는 다른 형제들이 애너그램 상태의 유서를 미리 보더라도 해독을 할 수 없을 것입니다. 그러니 유서는 정당한 공개 시점까지 고스란히 보존될 수 있겠죠.

반면 상속 내용을 은밀히 언질 받았던 막내는 누구보다 쉽게 유서의 문자 퍼즐을 복원해낼 수 있을 것입니다. 이 경우도 서로 주고받는 통신용이 아니고, 오직 보관용이기 때문에 서로 공유해야 할 복잡한 규칙 따위는 필요없다는 애너그램의 장점이 돋보입니다.

그렇지만 애너그램의 사용이 점차 줄어든 것은 사실입니다. 최근 암호학에서는 애너그램뿐만 아니라 전자를 포함한 전위 방식의 암호가 거의 취급되지 않는 편입니다.

암호학의 대세는 대체 방식, 즉 다른 문자로의 교환 방식으로 집중되어 있습니다. 특히 제1차 세계 대전을 계기로 암호화와 복호화 작업을 모두 기계로 해결하는 기계식 암호의 시대가 열렸고, 그때부터 대체 기법을 바탕으로 한 본격적인 암호학이 시작되었습니다. 그것에 대한 본격적인 이야기는 다음 시간에 하도록 하죠.

만화로 본문 읽기

이게 아빠, 엄마가 결혼하기 전 주고 받았던 쪽지래요. 대체 무슨 뜻일까요?

토물다요방시일앗만밤간남이여서습다

난 그 암호를 풀 수 있을 것 같은데요?

정말요? 어떻게요, 선생님? 가르쳐 주세요. 궁금해요.

흠, 동그란 막대 모양을 가진 것들을 좀 가져와 볼래요?

헥헥, 여기요, 선생님. 동그란 것은 다 가지고 왔어요.

자, 그럼 이제 한번 말아 볼까요? 앗! 바로 맞았네요.

토요일 밤에는 물방앗간에서 다시 만납시다? 헉, 이런 암호가….

이것은 고대 그리스의 군대에서 비밀 통신을 할 때 사용했던 사이테일 암호군요.

이렇게 메시지를 변형하여 암호를 만드는 크립토그래피 중 글자들의 배열 순서를 바꾸는 전위의 방법이지요.

그럼, 철자 순서를 바꾸는 게임인 애너그램도 전위의 한 종류인가요?

하하하, 맞아요. 이렇게 철자의 순서와 자음, 모음을 바꾼 것도 애너그램이지요.

오호, 전 오늘부터 애너그램을 이용해서 일기를 쓰겠어요.

암호문 : 호암가 아좋요

평문 : 암호가 좋아요

4

크립토그래피 2 :
대체/코드와 사이퍼

화장을 지우고 가발을 벗어도 본래의 모습이 드러나지 않게 하려면
다른 사람의 얼굴을 본떠 성형 수술하는 것도 한 방법(대체)이지요.
물론 얼굴을 통째로 바꿔도 되고(코드),
하나씩 바꿔도 됩니다(사이퍼).

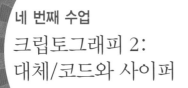

네 번째 수업

크립토그래피 2:
대체/코드와 사이퍼

튜링은 크립토그래피의
또 다른 기법을 소개하며
네 번째 수업을 시작했다.

크립토그래피 중 전위 방식은 그냥 자리바꿈 정도이지만, 대체 방식은 평문의 문자를 정해 놓은 규칙에 따라 다른 문자로 교체하는 것입니다.

여기서 대체 방식은 다시 2가지로 나뉩니다. 하나는 평문의 단어나 구 혹은 문장을 대체시키는 방식이고, 나머지 하나는 평문의 철자 하나하나를 대체시키는 방식입니다.

이러한 대체 방식 중 앞의 방식으로 만든 암호 단위를 코드라고 하고, 나중 방식으로 만든 암호 단위를 사이퍼라고 합니다.

견자 일상생활에서 쉽게 구별할 수 있는 것으로 예를 들어주세요.

그에 앞서 질문을 하나 할까요? 여러분은 또래끼리만 통하는 용어가 있을 거예요. 그런 걸 세대 은어라고 한답니다. 또 전문직에 종사하는 사람들도 자신들만의 용어를 사용할 경우가 많은데 다른 직종의 사람들에게는 자연스럽게 직업 은어로 들리겠지요. 범죄자들도 은어를 잘 사용하는 집단이고요.

이러한 은어는 마치 소박한 형태의 생활 암호문을 쓰는 것과 같은 효과를 낳습니다. 그렇다면 은어의 사용은 어떤 유형의 암호를 사용한 것에 해당할까요?

향원 은어는 암호와는 성격이나 용도가 좀 다릅니다만, 그 방식만 따지면 대체 기법의 암호에 해당될 것 같아요. 대개 철자 단위가 아닌 단어를 통째로 대체한 것이니 대체 중에서도 사이퍼가 아닌 코드 기법이라고 할 수 있겠지요.

맞습니다. 잘 이해하고 있군요.

견자 그럼 연예인의 이름을 이니셜로 적어놓은 기사도 일

종의 코드를 사용한 암호문이라고 할 수 있나요?

견자의 이해력 성장은 놀랄 만합니다. 암호 형태 분류에는
여러분 모두 익숙해진 것 같습니다.
　그러면 코드와 사이퍼를 비교해 볼까요? 다음 질문에 답해
봅시다.

코드와 사이퍼 중 어느 쪽이 먼저 사용되었을까요?
그리고 어느 쪽이 더 안전하고 정교한 암호일까요?
결국 현대 암호는 어떤 방식으로 발전해 갈까요?

견자 일상생활에서 쉽게 사용하는 것을 보면, 은어를 사용

하듯이 단어나 구를 다른 문자로 대체하는 코드의 사용이 먼저일 것 같습니다. 그렇지만 점차 더욱 정교한 암호문이 요구되면서 사이퍼가 등장하게 되고, 그 문제점을 보완하는 쪽으로 발전해 나가지 않을까요?

광인 저는 조금 다르게 생각합니다. 사이퍼 방식이 모든 철자(또는 글자)를 하나하나 대체해 주는 방식이라고는 하지만, 일정한 규칙만 정해져 있으면 기계적인 체계를 갖추기가 더 쉽습니다. 그렇지만 단어나 구, 심지어 한 문장 전체를 대체해 주는 방식인 코드는 손쉽게 시작할 수 있는 반면 체계를 갖추기가 어려울 것입니다. 그러므로 적어도 체계를 갖춘 암호라면 사이퍼가 더 먼저 사용되었을 것 같습니다. 같은 이유로 정교한 현대 암호가 발전해 갈 방식도 역시 사이퍼일 테고요.

향원 저도 광인과 같은 생각입니다. 암호의 역사에 대한 책을 읽은 적이 있는데, 가장 오래된 사이퍼 암호로 지금부터 2,000여 년 전 카이사르(Julius Caesar)가 사용한 형태를 소개하였더군요. 사이퍼가 사용된 것은 우리가 생각하는 것보다 훨씬 오래된 것이 분명합니다.

반면에 코드는 중세 교황에 의해 그것들을 모아놓은 책이 제작되었는데, 르네상스와 더불어 자유로운 외교 활동 중에도 경쟁국을 견제하기 위해 사용하였다고 하고, 코드 방식이 사라진 것은 세계 대전쯤이었다고 합니다. 암호의 역사를 살펴보아도 광인의 생각이 맞는 것 같습니다.

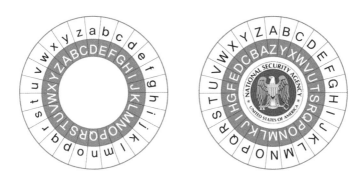

카이사르 사이퍼 디스크와 암호 업무를 다루는 미국
국가안보국(NSA)의 상징물

정말 암호에 대한 관심이 매우 많군요. 얼핏 생각하기에는 견자의 생각처럼 코드가 먼저 사용되었을 것 같지만, 실제 역사는 향원의 말대로 사이퍼가 먼저 시작되었고, 그 후 코드에 의한 보완을 거쳐 다시 정교한 사이퍼로 돌아온 형국입니다.

그래서 현대 암호는 사이퍼 제작과 그 해독에 집중되어 있다고 하겠습니다. 최초의 사이퍼로 유명한 카이사르의 방법을 알게 되면 이해가 더 빠를 것입니다.

견자 카이사르 사이퍼가 가장 오래된 것인가요?

그렇지는 않습니다. 최초의 형태는 기원전 4세기부터의 문서를 모은 인도의 《카마수트라》로 사이퍼의 역사에서 빼놓을 수 없습니다.

《카마수트라》는 여성들이 학습해야 할 것으로 요리나 의상뿐 아니라 마술, 체스 등 64가지의 분야를 장려하고 있는 책입니다. 여기에 포함된 것으로 비밀 통신 기술도 있는데, 알파벳을 무작위로 둘씩 묶어 원래 철자를 짝지은 철자로 바꿔치기 하는, 일종의 대체 사이퍼 방식을 소개하고 있습니다.

이를테면 무작위로 정해진 철자의 짝이 L-S, A-O라는 두 쌍일 경우 LOVE는 SAVE, SAVE는 LOVE로 바뀌는 거죠.

사이퍼를 최초로 군사 목적으로 사용한 사람은 갈리아 정벌에 나선 카이사르였답니다. 카이사르(시저)가 고안한 사이퍼를 보면 누구나 생각해 낼 수 있는 소박한 형태라는 게 느껴질 거예요.

먼저 26개의 알파벳을 원판 위에 일정한 간격으로 적고,

그 안쪽에 동심원을 그리며 또 한 번 26개의 알파벳을 적습니다. 2벌의 알파벳 동심원은 분리되어 회전이 가능하지요. 안쪽 동심원을 시계 반대 방향으로 3글자 돌려 맞추면 바깥 동심원에는 'ABCDEFGHIJKLMNOPQRSTUVWXYZ'가 배열되고, 안쪽에는 'DEFGHIJKLMNOPQRSTUVWXYZABC'가 배열되겠지요.

　카이사르가 실제로 받았을 법한 메시지로 예를 들어 볼까요?

암호문　QHYHUWUXVWEUXWXV

　이 암호문을 받은 카이사르는 사이퍼 원판의 안쪽 문자열을 시계 방향으로 3문자를 돌려 Q와 맞닿은 n, H와 맞닿은 e

등과 같은 식으로 읽어 'nevertrustbrutus'를 얻은 후, 의미를 갖는 단어별로 끊어 읽게 됩니다.

따라서 평문 메시지는 다음과 같지요.

평문 never trust Brutus

견자 정말 간편하고 멋진 사이퍼인데요.

향원 하지만 그렇게 간단하면 누구나 해독할 수 있겠어요.

물론 그런 단점 때문에 개선을 거듭했답니다. 하지만 카이사르의 사이퍼는 현대 암호학에서도 중요하게 여기는 핵심적인 요소 2가지를 포함하고 있다고 칭송받고 있습니다.

하나는 문자를 대체시키는 규칙(알고리즘)으로 정말 간단하지만 안정된 체계를 갖추었다는 점이고, 다른 하나는 보안을 더하는 열쇠도 갖추었다는 점입니다. 암호의 두 축을 모두 갖추었다고 할 수 있지요.

둘 중 열쇠가 더 중요한 핵심으로, 카이사르 사이퍼 예에서는 알파벳 동심원을 3글자 돌려 암호문을 만들었으므로 3이라는 숫자가 열쇠에 해당합니다.

견자 그렇다면 26가지의 열쇠를 가진 사이퍼 체계라고 할 수 있겠네요?

평문과 동일한 문자열은 제외하니까 25개의 열쇠라고 해야 맞겠지요.

향원 그렇다면 25번만 시도해 보면 그중 하나는 분명히 맞는 열쇠일 테니 보안성이 그다지 높지 않네요.

아닙니다. 알파벳의 위치를 일률적으로 움직이는 것 외에 알파벳끼리의 순서 바꿈까지 생각하면 엄청난 수의 서로 다른 사이퍼 알파벳을 만들 수 있답니다.

카이사르의 알파벳 대체 사이퍼는 재배열 가능 가짓수가 무려 4×10^{26}개, 즉 400,000,000,000,000,000,000,000,000 종류가 넘습니다. 만일 적이 암호문을 가로챘고, 또 사용된 사이퍼가 알파벳끼리의 순서 바꿈까지 거쳤음을 알더라도, 열쇠를 모른다면 가능한 열쇠를 하나씩 체크해 보아야겠지요. 열쇠 하나에 1초가 걸린다고 해도 모든 경우를 체크하는 데 걸리는 시간은 우주 나이의 10억 배 정도입니다. 이제 카이사르의 사이퍼가 사용하기 쉬우면서도 보안성이 매우 높다는 것을 알겠지요?

견자 그렇게 멋진 암호 방식이 무려 2,000년 전에 사용되었다니 믿어지지 않아요!

그렇죠? 이 대체 사이퍼 암호는 단순하고 보안성이 좋다는 이유로 10세기까지 사랑받는 비밀 통신 수단으로 사용되었답니다. 암호 제작자들은 더 이상 새로운 방법을 개발할 필요를 느끼지 못할 정도였지요.

광인 하지만 대체 사이퍼가 4×10^{26} 종류나 된다면, 그중에서 어느 것을 사용했는지 수신자는 알고 있어야 하는 것 아닌가요? 그 문제는 어떻게 해결했죠?

암호가 현대적으로 발달할수록 알고리즘보다 열쇠 제작과 그 보안 체계가 더욱 중요하다고 했었지요?

이제 초기 대체 암호에서 개발한 구별말(최초의 키워드 개념임)이라는 형태의 열쇠를 소개할 때가 된 것 같습니다.

광인의 걱정대로 사이퍼의 가짓수가 무려 4×10^{26} 개인 우수한 알고리즘일지라도 그중 하나를 지정해 주기 위해서는

열쇠 표시 역시 4×10^{26}개나 있어야 한다면 너무 부담스러운 일이겠죠.

도대체 어떤 방법이 있을까요?

우선 일련번호를 매기는 방법이 있습니다. 하지만 그렇게 많은 열쇠에 일일이 일련번호를 붙여서 지정하는 방식이 썩 괜찮아 보이지는 않네요. 특히 긴 숫자로 된 열쇠는 그것을 어딘가에 적어서 수신자에게 전달해야 하므로 무엇보다 중요한 보안성이 떨어지죠.

광인 아하, 그래서 구별말이라는 키워드 형태의 열쇠를 생각해낸 것이군요! 그런데 구별말이라는 것이 정확히 어떤 것이죠?

견자 예를 들어 설명해 주세요.

카이사르의 암호를 보면, 1에서 26까지의 숫자 중 하나가 열쇠였습니다. 그런데 철자끼리의 자리바꿈까지 해서 보안성을 획기적으로 높일 경우 하나의 숫자로 된 열쇠는 현실적으로 사용이 불가능합니다. 그래서 고안한 것이 4×10^{26} 종류의 사이퍼 가운데 임의의 1가지를 구별해서 지정해 주는 방식입니다. 정확하되 아주 간단해야 한다는 조건이 있죠.

그 방법은 의외로 간단합니다. 보안성을 높이기 위해 송수신자들끼리 적어 두지 않고도 잘 기억할 단어 하나만 있으면 되지요.

견자 예를 들면요?

내 강의가 미흡한 것 같아 항상 미안한 마음이기에 'SORRY'라는 간단한 단어를 구별말로 택한다면, 이 단어를 다음과 같이 활용하면 됩니다.

알파벳 사이퍼의 시작을 구별말로 삼되, 반복되는 2개의 R은 하나만 있으면 되니까 SORY라는 4개의 철자를 먼저 사용하고 나머지 22개의 철자는 원래 순서대로 열거합니다.

SORYABCDEFGHIJKLMNPQTUVWXZ

그러면 평문의 A는 S로, B는 O로, C는 R로, D는 Y로, E는 A로 대체됩니다. 생각보다 쉽지요? 별것 아닌 것처럼 보이지만 열쇠를 제작하는 원리인 간단함과 명확함, 보안성을 두루 갖춘 최초의 형태라는 점에 의의가 있습니다.

곧 확인하게 되겠지만 이런 구별말의 효능은 약간씩 변형되면서 계속 활용됩니다.

향원 그런데 대체 암호법이 더욱 발전해 왔다고 하셨는데, 문제점은 없었나요?

암호의 2가지 축(알고리즘과 열쇠)에서 각각 취약점이 발견되었습니다. 먼저 알파벳끼리 마구 자리를 바꾸는 전반 대체 알고리즘의 취약점부터 설명해야겠네요.

아무리 임의의 배열을 한 알파벳을 암호 사이퍼로 사용한다고 해도 평문의 알파벳과 일대일대응을 시키는 방식임은 변함없습니다. 그렇다면 평문에서 보이는 알파벳 빈도의 비는 암호문에서의 알파벳 빈도의 비와 일치합니다.

이를테면 암호문에서 가장 높은 빈도를 보이는 철자가 b라면 그것은 평문의 최고 빈도 철자인 e를 대체한 사이퍼인 것입니다. 계속해서, 영어에서는 e 바로 앞에서 특히 높은 출현 빈도를 보이는 철자가 h라는 사실 등 빈도와 관련된 고유 특징을 종합하면 대체된 사이퍼 알파벳을 원래의 평문 알파벳으로 충분히 복구할 수 있습니다.

이런 기발한 발상 덕택에, 수백 년 동안 깨질 수 없다고 여겨졌던 암호도 결국은 몇 분 안에 해독할 수 있는 돌파구가 열렸습니다.

견자 그런 기발한 생각을 누가 했을까요?

이 놀라운 업적은 언어학과 통계학 지식에 종교적 열정까지 가진 이슬람 학자들이 어우러져 일궈 낸 결실입니다. 이것을 빈도 분석법이라 부르는데, 이슬람 학자들은 비밀 통신과는 상관없이 코란을 연구할 종교적인 이유에서 시작했다고 합니다.

견자 그러면 새로운 암호가 등장하게 되나요?

향원 혹시, 코드인가요?

글자	출현 비율(%)	글자	출현 비율(%)
a	8.2	n	6.7
b	1.5	o	7.5
c	2.8	p	1.9
d	4.3	q	0.1
e	12.7	r	6.0
f	2.2	s	6.3
g	2.0	t	9.1
h	6.1	u	2.8
i	7.0	v	1.0
j	0.2	w	2.4
k	0.8	x	0.2
l	4.0	y	2.0
m	2.4	z	0.1

영어 알파벳 빈도표
(H. 베커와 F. 파이어의 《사이퍼 시스템 : 통신의 보호》에서)

물론 그렇게 볼 수 있습니다. 사이퍼 암호를 보강하기 위해 코드가 사용되기도 했지요. 그렇지만 빈도 분석법으로 해독되어 버린 알고리즘의 취약성이 코드 사용만을 부른 것은 아니랍니다. 다음에 이어진 것은 빈도 은폐술이었다고 하는 편이 옳습니다.

견자 빈도 은폐술은 뭔가요?

이를테면, 원문 알파벳은 26개이지만 00에서 99까지 100개의 두 자리 숫자를 대체 사이퍼로 삼아 봅시다. 그러면 실제 알파벳을 대체하는 사이퍼는 26개뿐이고 나머지 74개는 아무 의미도 갖지 않은 공백 기호에 불과합니다. 이 74개를 암호 이외의 자리에 다양한 빈도로 끼워 넣는 것이지요.

열쇠를 전해 받은 수신자는 무시해야 하는 가짜 숫자를 식별할 수 있으므로 해독에 아무 어려움을 겪지 않겠지만, 중간에 암호문을 가로챈 적군은 100개의 숫자로 된 대체 사이퍼 알고리즘이라는 사실까지는 쉽게 간파할 수 있어도, 혼란을 주는 빈도로 인하여 빈도 분석을 통한 해독은 불가능해집니다.

견자 다른 빈도 은폐술도 소개해 주세요.

은폐가 좀 더 정교해진 2가지 방법을 소개하지요.

방금 살펴본 빈도 은폐술도 정확하게 말하면 어디까지나 단일 대체 사이퍼라고 할 수 있습니다. 왜냐하면 74개의 무의미한 공백 기호가 다양한 빈도로 섞여 있긴 하지만 26개의 실제 알파벳 하나마다 단 하나의 사이퍼가 대체되는 방식이기 때문입니다. 이것은 시저 사이퍼처럼 단순 빈도 분석에 의해서 쉽게 해독되지 않을지라도, 글자 간의 관계를 분석하면 얼마든지 해독이 가능합니다.

이것을 조금 더 개선시킨 형태가 단음 대체 사이퍼입니다. 이를테면 두 자리 숫자 100개를 '모두' 대체 사이퍼로 사용하되 가장 낮은 1% 빈도의 q, v, x, z 등에는 하나의 번호를, 3% 빈도의 u에는 3개의 번호를 배정하는 식으로 사이퍼를 짜 두는 것이죠. 그러면 모든 숫자 사이퍼는 골고루 1%의 빈도를 보이게 됩니다.

이렇게 강화된 대체 사이퍼의 예로 17세기 로시뇰(Rossignol) 부자가 개발한 루이 14세의 그레이트 사이퍼가 있습니다. 이 그레이트 사이퍼는 그 암호문에 담긴 내용이 무려 200년 동안이나 밝혀지지 않았을 정도로 보안성이 뛰어났답니다.

그렇지만 이 방법도 완벽하지 못했습니다. 날카로운 암호 해독자는 알아볼 수 있는 실마리가 있으니까요. 예컨대 약 8% 빈도의 a는 반드시 특정 8개의 번호로만 대체된다는 점이 해독의 결정적 단서입니다. 그러니까 글자 간의 관계에 훨씬 더 많은 분석이 필요하다는 점만 빼면 이것도 결국은 단일 대체 사이퍼인 것이죠.

200년간 이어온 분석력을 바탕으로 루이 14세의 비밀을 푼 사람은 프랑스 육군 암호국의 바제리(Etienne Bazeries) 사령관이었습니다. 그는 일생일대의 도전으로 생각하고 분석 기간 200년 중 마지막 3년을 연구하여 결실을 맺은 사람이 되었지요.

견자 또 다른 방법은 무엇이 있는지 궁금해지는데요.

이제 더욱 강력한 형태인 복합 대체 사이퍼가 등장합니다. 복합 대체 사이퍼는 카이사르 알파벳 26가지를 차례로 늘어놓은 비즈네르 표 하나만 작성해 놓으면 누구나 만들 수 있습니다.
이를테면 다음과 같은 평문 메시지가 있습니다.

NEVER TRUST BRUTUS

그리고 이것의 키워드(열쇠)는 SORRY일 때, N에 해당하는 암호문 사이퍼를 S로 시작하는 열에서 대체시켜 F를 얻고, E에 해당하는 암호문 사이퍼는 O로 시작하는 열에서 대체시켜 S를 얻습니다. 또 V에 해당하는 암호문 사이퍼는 R에서 시작하는 열에서 대체시켜 M, 다시 E에 해당하는 사이퍼는 R에서 시작하는 열에서 대체시켜 V를, R에 해당하는 암호문 사이퍼는 Y에서 시작하는 열에서 대체시켜 P를 얻습니다. 이렇게 하면 암호문 사이퍼는 다음과 같지요.

N(S) → F, E(O) → S, V(R) → M, E(R) → V, R(Y) → P,

T(S) → L, R(O) → C, U(R) → L, S(R) → J, T(Y) → R,

B(S) → T, R(O) → C, U(R) → L, T(R) → K, U(Y) → S,

S(S) → K

이것을 정리해 봅시다.

N E V E R T R U S T B R U R U S

↓ ↓ ↓ ↓ ↓ ↓ ↓ ↓ ↓ ↓ ↓ ↓ ↓ ↓ ↓ ↓

F S M V P L C L J R T C L K S K

잠시 살펴보면 평문의 동일한 철자(T)가 여러 종류의 사이퍼(L, R)를 가지며 암호문의 동일한 사이퍼(K)가 여러 종류의 평문 철자(R, S)를 가집니다. 이런 암호 체계는 빈도 분석법으로도 해독되지 않으며, 무한할 정도로 많은 열쇠(키워드)를 활

원문	a b c d e f g h i j k l m n o p q r s t u v w x y z
1	B C D E F G H I J K L M N O P Q R S T U V W X Y Z A
2	C D E F G H I J K L M N O P Q R S T U V W X Y Z A B
3	D E F G H I J K L M N O P Q R S T U V W X Y Z A B C
4	E F G H I J K L M N O P Q R S T U V W X Y Z A B C D
5	F G H I J K L M N O P Q R S T U V W X Y Z A B C D E
6	G H I J K L M N O P Q R S T U V W X Y Z A B C D E F
7	H I J K L M N O P Q R S T U V W X Y Z A B C D E F G
8	I J K L M N O P Q R S T U V W X Y Z A B C D E F G H
9	J K L M N O P Q R S T U V W X Y Z A B C D E F G H I
10	K L M N O P Q R S T U V W X Y Z A B C D E F G H I J
11	L M N O P Q R S T U V W X Y Z A B C D E F G H I J K
12	M N O P Q R S T U V W X Y Z A B C D E F G H I J K L
13	N O P Q R S T U V W X Y Z A B C D E F G H I J K L M
14	O P Q R S T U V W X Y Z A B C D E F G H I J K L M N
15	P Q R S T U V W X Y Z A B C D E F G H I J K L M N O
16	Q R S T U V W X Y Z A B C D E F G H I J K L M N O P
17	R S T U V W X Y Z A B C D E F G H I J K L M N O P Q
18	S T U V W X Y Z A B C D E F G H I J K L M N O P Q R
19	T U V W X Y Z A B C D E F G H I J K L M N O P Q R S
20	U V W X Y Z A B C D E F G H I J K L M N O P Q R S T
21	V W X Y Z A B C D E F G H I J K L M N O P Q R S T U
22	W X Y Z A B C D E F G H I J K L M N O P Q R S T U V
23	X Y Z A B C D E F G H I J K L M N O P Q R S T U V W
24	Y Z A B C D E F G H I J K L M N O P Q R S T U V W X
25	Z A B C D E F G H I J K L M N O P Q R S T U V W X Y
26	A B C D E F G H I J K L M N O P Q R S T U V W X Y Z

비즈네르 표

용할 수 있는 큰 장점이 있습니다.

이 방식은 16세기 프랑스 외교관 비즈네르(Blaise Vigenere)
에 의해 최종적으로 개발되었습니다.

광인 역사적으로는 오히려 다음 대체 사이퍼인 그레이트
사이퍼보다 더 먼저 개발되었네요.

맞습니다. 비즈네르 사이퍼의 탁월한 보안성 때문에 전 유
럽의 암호 제작자들 사이에 이 방법이 급속도로 퍼질 수 있었
을 겁니다. 하지만 실제로 암호를 채택해서 사용하는 암호
담당 비서관들은 비즈네르 사이퍼를 냉대했다고 합니다. 보
안성은 높았지만 사용하는 데 들어가는 노력과 시간 때문에
선뜻 채택하지 못했던 거지요. 더구나 17세기에는 단일 대체
사이퍼 정도로도 필요한 대부분의 목적을 달성할 수 있었기
때문에 굳이 비즈네르 복합 대체 사이퍼를 사용할 필요가 없
었던 거지요.

광인 시대를 너무 앞서 간 방식이었다는 의미인가요?

그렇지요. 그래서 비즈네르 사이퍼는 시간이 지난 후에야

사랑받게 됩니다.

여기서 대체 암호가 가진 공통적인 약점을 다시 생각해 봅시다. 평문의 문자 빈도가 암호문에서 사이퍼의 빈도로 나타나는 단일 대체 사이퍼는 다양한 빈도 은폐 방법(공백 기호 삽입 사이퍼, 그레이트 사이퍼, 비즈네르 사이퍼 등)에 의해서 보완되긴 했지만 그 약점이 해결된 것은 아니기 때문에 다시 드러나곤 하였습니다.

견자 복합 대체 암호인 비즈네르 사이퍼도 그렇습니까? 동일한 평문 문자도 여러 가지 사이퍼로 대체되고 또 같은 사이퍼 문자도 여러 가지 평문 문자를 나타내는, 그야말로 뒤죽박죽인 형태인데 거기에서도 빈도 분석의 실마리를 찾아낼 수 있다는 의미인가요?

그렇습니다. 조금 전에 현대 암호학에서도 중요하게 여기는 사이퍼의 2가지 핵심 요소 중 열쇠말에 대한 설명을 미뤘는데, 이제 그 설명을 해 볼까요?

앞에서의 예처럼 SORRY라는 다섯 철자를 열쇠말로 삼은 경우, 1, 6, 11, 16, …번째 철자들만 모아 놓으면 그건 단일 대체 사이퍼에 불과합니다. 또 2, 7, 12, 17, …번째 철자들만 모아 놓아도 또 다른 단일 대체 사이퍼에 불과하고요.

견자 정말 그렇군요.

향원 그렇지만 열쇠말의 철자 수를 알 수 없잖아요?

철자 수를 알아내는 방법도 있습니다. 암호문의 특정 철자 군이 반복되기까지의 철자 수(시퀀스)가 몇인지만 조사하면 되지요.

이를테면 평문에 자주 등장하는 철자 군인 the는, 열쇠말 이 SORRY라는 다섯 철자인 경우 5가지(SOR, ORR, RRY, RYS, YSO)로 나타납니다. 한편 동일한 암호 철자 군으로 나타나는 경우는 시퀀스가 5의 배수인 경우뿐이지요. 이를테면 'there the'라는 평문이 있다면 시퀀스 5인 the 철자 군에 대응하는 열쇠말은 SORrySOR, ORRysORR, RRYsoRRY, RYSorRYS, YSOrrYSO 중 하나로서 반드시 동일한 암호 철자 군을 보입니다.

따라서 어떤 철자 군이 20이라는 시퀀스를 가지면 열쇠말의 철자 수는 20의 약수 중 하나입니다. 눈에 띄는 몇 가지 철자 군의 시퀀스를 조사하여 그 공약수를 구하면 열쇠말의 길이는 쉽게 찾을 수 있다는 의미입니다. 열쇠말은 그 철자 수만큼을 주기로 반복되는 고유 리듬이 있다는 점에 착안한 것이지요.

이 방법을 최초로 알아낸 것은 1854년 영국의 배비지(Charles Babbage, 1792~1871)였으나, 무슨 이유에선지 당시 제대로 인정받지 못했답니다. 그러다가 1863년 프러시아의 퇴역 장교 카시스키(Friedrich Kasiski)가 그 해독법을 발표하였고, 이 기술은 카시스키 테스트라고 불리게 되었습니다.

이로써 난공불락의 비즈네르 사이퍼도 완전히 해독 가능해져 버린 것입니다. 실로 300년 만의 일이지요.

광인 그렇다면 열쇠말이 아주 길다면 어떻게 됩니까?

무한히 긴 열쇠말을 사용할 경우 이론적으로는 절대 보안성을 얻을 수 있습니다. 그렇지만 현실적으로는 불가능하겠죠. 무엇보다 아주 긴 열쇠말을 만드는 일 자체가 어렵습니다.

평문이 아무리 길어도 그 리듬이 노출되지 않을 만큼 충분히 긴 열쇠말을 만들어 내야 하는데, 그 일은 생각만큼 쉽지 않습니다. 그런 긴 열쇠말을 송수신자끼리만 감쪽같이 나눠 갖는 것도 큰 문제이지요.

향원 기존에 잘 알려진 특정 텍스트를 열쇠말로 지정하는 것은 어떨까요? 그러면 송수신자끼리만 열쇠말을 나눠 갖는 데 따르는 어려움도 쉽게 해결될 것 같은데요. 이를테면 《노인과 바다》를 통째로 열쇠말로 사용할 것을 송수신자끼리만 은밀히 약속하는 것입니다. 그러면 암호문에서는 주기적 반복 리듬이 전혀 나타나지 않을 것 같습니다.

그렇게 하면 이번에는 열쇠말 자체가 하나의 평문 텍스트이기 때문에 철자별 특정 빈도를 보인다는, 원래의 취약점이 다시 부각되고 맙니다. 이것은 단일 대체 사이퍼의 약점 보완을 살짝 덧입힌 것에 불과하죠.

그래서 이번에는 무작위로 긴 열쇠말을 새로 만들어 냈다고 합시다. 실제로 아무런 리듬을 보이지 않는 무작위 수들의 집합인 난수표가 제작될 수 있습니다. 절대 반복해서 쓰지 않는 일회용 난수표를 만들어 열쇠말로 사용한다면, 반복 리듬이 없기 때문에 암호문에서 철자별 빈도 특성이 없음은 물론이고, 열쇠말 자체의 철자별 특정 빈도도 나타나지 않으므로 분석이 어려워집니다. 이제 비로소 '절대 보안'이 확보되었습니다. 평문에 적용한 암호 열쇠가 난수라면 암호문의 사이퍼도 난수이므로 암호문이 중간에 가로채인다 하더라도 절대 해독되지 않습니다.

견자 드디어 절대 안전한 암호 제작이 가능해졌군요! 복합 대체 사이퍼 알고리즘을 채택하되 열쇠말을 일회용 난수표로 하면 되는 것으로 말이죠.

그런데 가만히 생각해 보세요. 무작위로 이어지는 난수의 긴 행렬은 얼마든지 만들 수 있지만, 그것을 어딘가에 적어서 송수신자가 미리 나누어 가져야 합니다. 바로 이것이 현실적으로 치명적인 제약이라고 하겠습니다.《노인과 바다》라는 열쇠 텍스트는 어디서든 필요할 때 구할 수 있으므로 그것이 열쇠라는 사실을 '알고'만 있으면 되지만, 같은 분량의 난수표는 송수신자가 반드시 '소지하고' 있어야 합니다. 난수표를 소지하고 있어야 한다는 사실은 암호문을 거의 평문에 가까운 상태로 소지하고 있는 것이나 마찬가지지요!

견자 난수표라고 하니까 고정 간첩이 함께 떠오릅니다.

고정 간첩과 난수표……. A-3 방송으로 난수를 불러 지령(숫자로 된 지령)을 내리면 수신자인 고정 간첩은 갖고 있는 일회용 난수표 상의 해당 난수와 결합시킴으로써 비로소 익히 알고 있는 암호문이 됩니다. 그걸 평문으로 풀면 '언제, 어디서, 누구를 접선하고, 어떤 임무를 수행하라'는 메시지가 나오겠죠. 하지만 A-3 방송 수신기와 더불어 반드시 소지하고 있을 난수표를 수색해 내는 일은 난수표 없이 암호를 해독하는 일보다는 훨씬 더 쉽습니다. 난수표를 분실한 간첩은 '실 끊어진 연'의 신세이기도 하고요.

대개 과거 고정 간첩들이 소지했던 난수표는 고전적인 계산으로 만들 수 있는 것이어서 일정한 논리의 흔적이 있기 때문에 난수표 없이 직접 해독하는 일도 가능했습니다. 그래서 해독된 암호를 바탕으로 수사 요원들이 접선 장소를 덮치면 간첩을 검거할 수도 있었지요.

결국, 긴 열쇠말은 제작도 어렵지만 송수신자가 나눠 갖기가

어떤 책이었지?

어려울 뿐만 아니라 그것을 적어 놓은 결정적 물증을 비밀스럽게 소지하고 있어야 한다는 제약, 만약 물증이 없어진다면 적진에 던져진 미아가 되어 버린다는 제약을 안고 있습니다.

광인 암호문의 보안성 때문에 열쇠 관리가 더욱 중요하게 되었군요.

그렇습니다. 공백 기호를 삽입시키는 방법, 출현 빈도에 비례해서 대체시키는 문자(숫자)를 여러 개 배정하는 그레이트 사이퍼, 복합 대체 방식인 비즈네르 사이퍼와 긴 열쇠말(난수)의 이용 등 모두 평문의 문자 빈도를 은폐시키는 방법입니다.

그렇지만 그 암호를 받을 사람에게는 빈도 은폐의 내막을 알려야 합니다. 이것을 알리는 수단이 바로 열쇠입니다. 그리고 그 열쇠에 해당하는 것은 공백 기호를 적은 명단, 분산해서 배정시킨 문자표, 난수표 등이지요.

암호문이 발전하면서 그것을 임의로 푸는 일이 어려워진만큼 열쇠의 역할이 더 커졌고 그만큼 보안이 더 중요해졌습니다.

L군과 K양이 누굴까? 금방 밝혀질 거 그냥 이름을 써 주지.

오, 철수 군은 지금 코드를 사용한 암호문을 보고 있군요.

네? 전 그냥 신문 기사를 보고 있는 건데요. 선생님, 암호 연구에 너무 몰두하신 거 아니에요?

하하, 평문의 단어나 구 혹은 문장을 대체시키는 암호 단위를 코드라고 합니다.

아, 진짜 이름을 알파벳으로 대체했기 때문인거죠? 여기에도 암호가 숨어 있었네요.

평문의 문자를 정해 놓은 규칙에 따라 다른 문자로 교체하는 대체 방식에는, 코드 이외에 평문의 철자 하나하나를 대체시키는 사이퍼가 있습니다.

로마의 유명한 군인이었던 시저가 사용한 사이퍼 암호를 소개하지요. 그는 동심원 2개에 각각 26개의 알파벳을 적은 다음 안쪽 동심원을 시계 반대 방향으로 3글자를 돌려 암호를 만들었습니다.

시저가 암호를 사용했다고요?

암호는 전쟁중에 유용하게 이용되지…

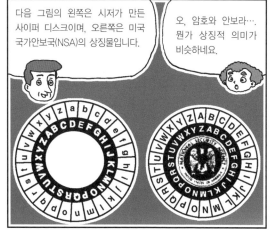

다음 그림의 왼쪽은 시저가 만든 사이퍼 디스크이며, 오른쪽은 미국 국가안보국(NSA)의 상징물입니다.

오, 암호와 안보라…. 뭔가 상징적 의미가 비슷하네요.

시저가 사용한 사이퍼 암호를 이용하여 암호를 풀어 보세요. 내가 전하고 싶은 메시지입니다.

ILJKWLQJ

대응되는 알파벳을 찾아보면…, FIGHTING이군요!

크립토그래피 3 : 대체/코드와 사이퍼

다른 사람의 얼굴을 본떠 성형 수술을 하는 방법 중
통째로 바꾸는 방식에 관해 좀 더 알아봅시다.

5

다섯 번째 수업

크립토그래피 3:
대체/코드와 사이퍼

튜링은 지난 시간에 이어
코드에 관한 이야기로
다섯 번째 수업을 시작했다.

지난 시간에 미처 다 소개하지 못한 코드에 관한 이야기를
먼저 하도록 하지요.

향원, 견자, 광인 요즘 들어 '코드'라는 말을 자주 사용하고
있지만 정작 그 의미는 잘 모르고 있는 것 같아요.

초기 대체 사이퍼가 철자별 빈도 분석에 의해 보안성이 무
너지자 빈도 분석을 교란시킬 다양한 방법이 연구되었다고
했지요. 코드가 사용된 것도 그중 하나였다고 할 수 있습니

다. 얼핏 생각하기에도 코드가 사이퍼보다 보안성이 높아 보입니다. 단일 사이퍼 알파벳을 해독하려면 26개 철자의 정체만 알아내면 되지만, 코드의 경우 수백, 수천 개의 본뜻을 파악해야 합니다. 그러나 코드라는 암호 방식을 조금 자세히 분석해 보면 중요한 결점 2가지가 드러납니다.

향원 메시지를 대체할 코드를 하나하나 정해주는 번거로움이 있을 것 같아요. 그것을 따로 모은 책이 있을 정도라니 말예요.

그렇습니다. 그런 책을 코드북이라고 하지요.

광인 그럼 코드북은 일종의 열쇠라고 할 수 있을 텐데, 열쇠치고는 가지고 다니기에 무척 불편했을 것 같아요.

그래요. 코드북이라는 열쇠는 제작이 어렵고 노출되기도 쉬워서 적의 손에 넘어갈 가능성이 많습니다. 반드시 적어놓은 상태로 가지고 있어야 하는 난수표의 단점과 같다고 할 수 있지요. 더구나 적에게 넘어갔을 경우, 사이퍼 열쇠처럼 새로 변경하기가 쉽지 않다는 점도 코드 사용이 확산되는 것을 막는 요인이 되었습니다.

장점이라고 하면 사이퍼의 약점인 빈도 분석으로는 해독되지 않는 점이겠죠.

견자 그렇다면 사이퍼와 코드의 장점만 살려 적절히 섞어 쓰면 어떨까요?

실제로 사이퍼 알파벳을 기본으로 대부분의 메시지를 암호화하면서 몇 개의 코드를 첨가하는 방식이 널리 쓰인 적이 있었습니다. 중요한 용어들만 골라서 코드로 첨가한다는 것은 빈도 분석을 어렵게 하는 아주 손쉬운 방법이지요. 그런 방식을 위한 목록을 노멘클레이터(nomenclator, 명칭 일람)라고 하며 1400년에서 1850년까지 주로 사용되었습니다.

광인 코드의 사용이 중세에 시작된 데는 특별한 이유가 있나요?

중세 1,000년에 걸쳐 서구 문명의 퇴보 또는 단절을 보인 암흑기였다고 하지만 암호 분야는 예외였습니다. 800년에서 1200년 사이에는 이슬람 학자들이, 이후 르네상스를 거쳐 근대에 이르기까지는 기독교 수도사들이 암호 연구에 몰입했습니다. 그들은 코란과 성경(특히 구약)에 담긴 신비로운 뜻을 찾아내기 위해 암호를 해독하는 듯한 노력을 했으니까요.

견자 종교가 암호의 발달을 이끌었네요.

그렇죠. 게다가 로마는 기독교 교황과 세속 황제라는 두 힘이 팽팽하게 긴장 관계를 유지하고 있었습니다. 황제 당원과 교황 당원 사이의 대립과 전쟁은 암호를 통한 비밀 통신을 발달시켰지요.

말하자면 종교가 일궈 놓은 지식이 점차 세속적 용도로 바뀌어 간 것이죠. 특히 바티칸과 각국에 파견된 교황 대사들

은 늘 암호 메시지를 주고받았습니다(그 관행은 계속되어 바티
칸에는 암호국이 따로 설치됨). 거기에는 특정인을 가리키는 명
칭이 자주 등장했고, 직접적이기보다는 은어로, 나중에는 주
로 축약형 문자로 사용했습니다. 중세의 코드 사용은 사이퍼
의 약점 보완이라는 명분 외에도 이와 같이 자연스런 사용 환
경이 조성되어 있었던 것입니다.

　바티칸이 소장하고 있는 문서를 살펴보면 가장 오래된 코
드북은 1326년에 편찬된 작은 명사 목록 형태입니다. 물론
교황 당원과 황제 당원의 전쟁을 위한 용도였지요. 암호국이
따로 설치된 바티칸은 한때 각 지역에서 풀지 못한 암호를 해
독해 주는 산실이 되기도 했습니다.

황제 당원　　　　　　　　교황 당원

향원 1850년 이후로는 코드의 사용이 중단되었나요?

그렇지 않습니다. 코드북은 암호의 열쇠가 아니라 상업적 용도로 새롭게 발달합니다.

모스(Samuel Morse, 1791~1872)가 '신께서 만드신 것'이라고 표현한 모스 부호(전신 부호)를 세상에 내놓은 것이 1844년입니다. 이것은 현대 암호학을 이끄는 새로운 역할을 맡게 되었습니다.

모스 부호는 최초로 볼티모어에서 워싱턴까지 60km의 전신 라인을 통해서 전송되었습니다. 이후 유럽을 점유하고 있었던 휘트스톤(Charles Wheatstone, 1802~1875)과 쿡(William Cooke, 1806~1879)에 의한 전신기를 능가하며 모스 시스템은 전신 체계의 표준으로 자리 잡았습니다.

이러한 전송이라는 신속한 메시지 전달의 혁명은 2가지 요구 사항을 낳았습니다.

하나는 전달되는 문장이 송수신자 외에도 반드시 몇 사람(최소한 5, 6명의 모스 부호 담당 교환원)에게 노출되기 때문입니다. 모스 부호는 메시지를 숨기는 것이 아니기 때문에 크립토그래피가 아닙니다.

다른 하나는 값비싼 전달 체계인 전신 사용의 비용을 절감

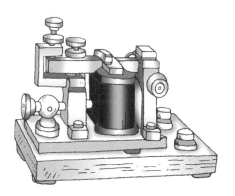

모스 전신기, 1930년경

하기 위한 메시지 단축화입니다. 최첨단 방식을 사용하는 데 고가의 비용을 지불해야 하기 때문입니다.

따라서 메시지를 교환원에게 전달하기 전에 암호화하고, 코드화할 필요가 있었습니다.

실제로 모스의 법적 대리인인 스미스(Francis Smith)는 최초의 상업용 코드집을 발표했습니다. 단축 코드의 사용은 전신 비용을 줄여줄 뿐만 아니라 어느 정도 암호의 효과도 있기 때문에 사업용 메시지는 적당한 코드 방식을 이용하는 것으로 충분했습니다.

따라서 1850년 이후 상업용 코드는 개별 용도에 따라 다양한 형태로 발전하게 되었습니다. 그렇지만 높은 보안성이 요구되는 문서는 주로 비즈네르 사이퍼로 암호화해서 주고받

앗습니다.

    향원 선생님께서 300년 동안 난공불락이었던 비즈네르 사이퍼가 완전히 깨진 것이 그 즈음이라고 하셨습니다. 1854년 영국의 배비지에 의해서 해독법이 개발되었으나 제대로 인정받지 못했고, 프러시아의 퇴역 장교 카시스키가 다시 그 해독법을 카시스키 테스트라는 이름으로 발표한 것이 1863년이라고 하셨고요. 그 사건은 시기상 방금 말씀하신 암호 역사의 흐름에 어떤 영향을 미쳤을 것 같은데요?

    그렇습니다. 상업용 코드 제작 분야는 제1차 세계 대전 이후 더욱 폭넓어진 국제 교역과 더불어 계속 성장했습니다. 반면에 암호 제작 분야는 배비지와 카시키스가 비즈네르 사

원문	기호	원문	기호
A	· —	1	· — — — —
B	— · ·	2	· · — — —
C	— · — ·	3	· · · — —
D	— · ·		⋮
	⋮	10	— — — — —
W	· — —	마침표	· — · — · —
X	— · · —	쉼표	— — · · — —
Y	— · — —		⋮
Z	— — · ·	따옴표	· — · · — ·

국제 모스 부호에 사용되는 기호

이퍼의 해독법을 찾아낸 이후로 19세기 말까지 혼란에 빠져 있었습니다. 매력적인 전신의 효능은 이탈리아의 물리학자 마르코니(Guglielmo Marconi, 1874~1937)에 의해서 무선 통신이라는 신기원까지 이룩함에 따라 더욱 진전되는 듯했지만, 보안성을 생명으로 하는 정치와 군부 관계자들은 흥분과 공포를 함께 드러냈습니다.

견자 흥분한 이유는 짐작이 가는데 공포를 느낀 이유는 모르겠어요.

전쟁터에서 전선을 설치하는 위험을 없애 주는 매력, 장기간 항해하는 전함과도 통신이 가능해진다는 매력은 흥분할 만한 것이겠지요. 하지만 무선 전파는 어디에서나 도청될 수 있다면 불안하지 않겠어요?

매력적인 부분은 취하되 그만큼 높아진 불안감을 제거하는 대안은 오직 새로운 암호 제작, 즉 안전한 사이퍼를 개발하는 일입니다. 하지만 제1차 세계 대전이 일어날 때까지도 마땅한 사이퍼를 개발한 나라는 없었습니다. 참전국의 운명이 오직 안전한 암호에 의해서 좌우됨에도 불구하고 제1차 세계 대전이 계속되던 1914년에서 1918년 사이에 개발된 사이퍼

들은 쉽게 깨지는 실패작들이었습니다.

견자 선생님께서 해독하신 것으로 유명한 암호 에니그마 (Enigma)는 언제 등장하나요?

에니그마는 수학 이론과 컴퓨터의 사용을 기반으로 하는 현대 암호학이 등장하기 직전에 출현한 기계식 암호 장치입니다. 에니그마는 방금 소개한 제1차 세계 대전까지의 상황 (강력한 새 사이퍼를 절실하게 필요로 하는 상황)에서 등장하게 되었고, 그 결과 독일이 개발하여 제2차 세계 대전 중에 집중적으로 사용하였습니다.

내가 그 해독에 기여한 당사자인 만큼 에니그마 암호의 원리와 해독에 관한 설명은 다음 시간에 상세하게 하겠습니다.

오늘은 코드와 사이퍼 암호에 관한 이야기를 좀 더 해 볼까요?

헉, 그래서 선생님이 저번에 FIGHTING 이라는 메시지를 주신 거군요.

하하, 그걸 이제 알았나요? 우선, 코드와 사이퍼 암호가 무엇이었는지 머릿속으로 떠올려 보세요.

윽, 인간은 망각의 동물이라더니… 벌써 기억이 잘 안 나요.

코드? 사이퍼?

간단히 말하자면 연예인 카라를 K로 나타낸 것이 코드, 각 알파벳에 순서대로 숫자를 부여해서 3씩 더한 것에 해당하는 알파벳을 암호로 쓰는 것이 사이퍼였지요.

제 말이 그 말이에요, 흠흠.

카라 (kara)
K → 코드
NDUD → 사이퍼

ㄴㄴㄴ~ ㄴㄴ~

그런데요, 메시지를 대체할 코드를 하나하나 정해 주는 것이 번거로워요. 이번엔 U, 이번엔 ★, ….

그렇습니다. 그것을 따로 모아 놓은 것을 코드북이라고 하지요.

코드북

코드북은 일종의 열쇠인데, 가지고 다니기에 무척 불편할 것 같아요. 사이퍼와 코드의 장점만 살려 적절히 쓰는 건 어떨까요?

실제로 사이퍼 알파벳을 기본으로 대부분의 메시지를 암호화하면서 몇 개의 코드를 첨가하는 방식이 쓰인 적이 있었습니다.

중요한 용어들만 골라서 코드로 첨가한다는 것은 빈도 분석을 어렵게 하는 아주 손쉬운 방법이지요.

이미 다 생각했었군요. 아, 내가 그때 태어났다면 정말 훌륭한 과학자가 될 수 있었을 텐데….

기계 암호, 에니그마

더욱 신속하고 정교한 20세기 초반 기계 성형술인
에니그마에 대해 알아봅시다.

6

여섯 번째 수업

기계 암호, 에니그마

튜링은 자신이 해독했던 암호
에니그마를 소개하며
여섯 번째 수업을 시작했다.

에니그마 개발의 배경

에니그마의 효시가 된 독일의 셰르비우스(Arthr Scherbius, 1878~1929)의 발상은 생각보다 단순했습니다.

종이와 연필로 암호를 제작하던 것을, 첨단 테크놀로지를 이용하여 사이퍼 디스크를 전기화한 사이퍼 기계로 제작하는 것이었습니다.

이러한 발상이 현실로 나타난 사이퍼 기계의 이름은 '풀 수 없는 수수께끼'라는 뜻을 가진 에니그마(Enigma)입니다.

견자 에니그마를 개발한 특별한 배경이 있나요?

제1차 세계 대전을 겪으며 세계 각국은 안전한 암호가 필요하다는 것을 뼈저리게 느꼈습니다.

무선 전신이 가능해진 상황에서는 오직 완벽한 보안을 보장하는 사이퍼를 제작하는 쪽이 우위를 차지할 수 있었기 때문입니다. 안전한 사이퍼 제작이 둘도 없는 지상 과제가 되었던 셈이지요. 이것은 제1차 세계 대전이 끝나갈 무렵 미 육군 암호 소장 모번(Joseph Mauborgne)이 '무작위 열쇠'라는 개념을 도입하면서 일단 가능성이 확인되었습니다.

그런데 모번의 아이디어는 이론적으로 완벽하지만 실용적으로 문제가 있었기 때문에 결국 사용되지 못하고 제1차 세계 대전이 끝났습니다.

이렇게 전쟁은 끝났지만 암호 제작계는 안전성에 실용성까지 모두 갖춘 사이퍼 개발 전쟁을 멈추지 않았습니다. 하지만 그 돌파구는 획기적인 사이퍼 알고리즘 개발이 아니라, 기존의 사이퍼 알고리즘을 제작하였던 도구를 새롭게 함으로써 가능해졌습니다.

즉, 암호를 주고받는 전기적 메커니즘을 사이퍼를 만드는 제작 도구로 활용하였던 것입니다.

암호가 발전해 온 역사를 보면 '바퀴'의 역할이 무척 큽니다. 시저 암호 원판(시저 사이퍼 디스크) 이후 주목할 만한 암호 바퀴는 미국 대통령 제퍼슨(Thomas Jefferson)이 만든 것이 있습니다.

제퍼슨의 암호 바퀴는 시저의 평면 원판을 원통으로 입체화한 점에 큰 의의가 있습니다. 그 이후 다양한 복합 대체 사이퍼 기구 · 기계는 기본적으로 원통형을 그 골격으로 하게 되었지요.

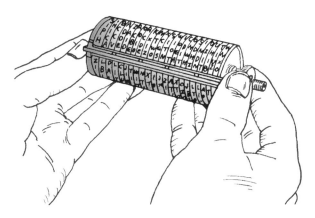

제퍼슨의 암호 바퀴

즉, 제1차 세계 대전이 끝나갈 당시 목표로 했던 이상적인 암호는 해독이 불가능한 암호, 그러면서도 신속하고 간편하게 사용할 수 있는 암호였습니다.

해독이 불가능한 형태는 오직 한 가지, 무한히 긴 무작위 열쇠말로 암호화한 복합 대체 사이퍼뿐이라는 결론을 얻은 상태였습니다. 이 암호 시스템은 빈도 분석은 물론 어떠한 수학적 통계 분석도 허용하지 않습니다. 이것은 긴 무작위 열쇠말을 가진 비즈네르 암호로도 볼 수 있습니다.

에니그마의 목표는 이렇게 완전 보안성을 갖춘 시스템을 실용적으로 가능하게 하는 것이었습니다. 이러한 목표의 달성은 복합 대체 사이퍼로만 가능합니다. 따라서 그런 기본 골격인 원통 암호 바퀴를 채택하되, 그 작동 원리는 획기적으로 새로운 방법인 전기적 방식을 이용하여 실용화하는 시도를 하였던 것입니다.

에니그마의 작동 원리와 위력

이제부터 에니그마의 작동 원리에 대해 우리가 지금까지 배운 지식만으로 설명해 보겠습니다.

1단계

(1) 원통 둘레에 꽉 끼지만 매끄럽게 회전할 수 있는 고리

모양의 바퀴 1개를 수평 원통의 왼쪽에 끼웁니다. 그리고 그 바퀴 위에 평문에 쓰이는 알파벳 26자를 일정한 간격으로 순서에 따라 적습니다.

(2) (1)의 오른쪽에 동일한 바퀴를 하나 더 끼우고 마찬가지 요령으로 알파벳 26자를 적습니다.

(3) 두 바퀴가 잇대어진 초기 상태를 변경하지 않고 고정시킵니다.

(4) 왼쪽 바퀴에서 평문 철자를 순서대로 대입할 때마다 잇대어져 있는 오른쪽 바퀴의 철자를 같은 순서대로 읽습니다. 그러면 읽은 문장이 암호문이 됩니다. 이것은 바로 시저 사이퍼를 얻는 원판을 원통형으로 개량한 형태입니다.

2단계

(1), (2) 과정은 1단계와 동일합니다.

(3) 두 바퀴가 잇대어진 초기 상태를 변경하되, 오른쪽 바퀴만 한 철자$\left(\dfrac{1}{26}\text{바퀴}\right)$를 회전시키고 나서 고정시킵니다.

그러고는 1단계의 과정 (4)를 동일한 요령으로 실행합니다. 이렇게 해서 읽는 문장 역시 암호문이 됩니다. 1단계와 다른 점이 있다면 암호문의 모양만 다를 뿐입니다. 계속 오른쪽 바퀴만 한 철자$\left(\dfrac{1}{26}\text{바퀴}\right)$를 회전시키며 동일 과정을 반

복해 나가면 그때마다 새로운 단일 대체 사이퍼 세트가 나타
납니다.

3단계

(1), (2)과정은 1단계와 동일합니다.

(3) 두 바퀴가 잇대어진 초기 상태를 변경하되, 오른쪽 바퀴만 한 철자$\left(\frac{1}{26}\text{바퀴}\right)$씩 회전시키고 그때마다 과정 (4)를 한 철자씩만 대입해 나가기를, 평문을 다 대입할 때까지 계속 실행합니다.

그러면 오른쪽 바퀴에서 읽은 문장이 암호문이 되는 것은 마찬가지입니다만, 이번에는 성격이 다릅니다. 결론적으로 말하면 단일 대체 방식이 아닌 복합 대체 방식입니다. 좀 더 정확히 말하면, 한 철자마다 단일 대체 방식이 적용되었지만 전체적인 결과는 26가지 암호 사이퍼 세트가 골고루 사용된 셈입니다. 이는 마치 비즈네르 암호에서 열쇠말이 26글자인 것과 기본적인 성격이 일치합니다.

4단계

3단계와 동일하지만 오른쪽 바퀴가 둘입니다. 그 둘은 알파벳 배열이 다르며, 특수 기어가 물려 있어 평문 메시지를

하나 대입할 때마다 두 바퀴가 하나가 되어 $\frac{1}{26}$ 바퀴씩 회전합니다. 단, 25번만 그렇게 하고 완전히 한 회전을 이루는 26, 52, 78, …번째 철자를 대입할 때, 즉 완전히 1바퀴, 2바퀴, 3바퀴, …를 도는 시점에는 두 번째 오른쪽 바퀴는 추가로 $\frac{1}{26}$ 바퀴씩 더 회전합니다.

특히 과정 (4)에서 왼쪽 바퀴의 평문 철자를 순서대로 대입할 때마다 읽어야 할 사이퍼는 잇대어 있는 오른쪽 끝 바퀴의 철자들입니다. 역시 대입한 순서에 따라 나타나는 사이퍼 철자들을 읽습니다. 그러면 읽은 문장 역시 암호문이 됩니다.

결과와 성격은 3단계와 동일하지만 단일 대체 사이퍼 세트가 676(=26 × 26)가지가 나타나는 복합 사이퍼라는 점이 다릅니다. 즉, 한 철자마다는 단일 대체 방식이 적용되지만 전체적인 결과는 676가지 사이퍼 세트가 골고루 나타나고 있는 셈입니다.

처음 위치로 돌아와 반복 적용되는 주기는 676철자이므로, 비즈네르 암호에서 열쇠말의 길이가 676글자인 것과 기본적인 성격이 일치합니다.

견자 지금까지 배운 것으로만 설명해 주신다고 하셨지만, 쉽게 이해하기는 힘든 원리인 것 같아요.

그럼, 이쯤에서 중간 정리를 해 봅시다.

암호 제작자들에게는 완전 보완의 희망이 보이는 것 같았습니다. 오른쪽 바퀴의 수를 늘려 나가면 열쇠말이 길어지는 효과로 인해서, 처음 목표로 했던 보안성을 높이는 일이 기계적으로 가능해질 테니까요. 오른쪽 바퀴가 5개일 경우 열쇠말의 길이가 1,188만 1,376글자나 되는 효과가 있습니다. $(26 \times 26 \times 26 \times 26 \times 26 = 11{,}881{,}376)$

암호문의 길이가 1,188만 자를 넘지 않고서는 서로 다른 한 글자짜리 암호문만 있는 셈입니다! 이를 중간에 가로채 해독하려는 사람에게는 일일이 대입해 보아야 하는 후보 열쇠가 1,188만 개가 넘는 효과가 있다는 의미이지요. 이것만으로도 해독 불가능한 요건에 성큼 다가갔습니다.

더구나 보안성을 획기적으로 더할 수 있는 여지가 더 있습니다. 오른쪽 바퀴에 알파벳을 배열하는 방법의 수는 아직 고려하지 않았거든요. 그 수는 대략 4×10^{26} 가지가 넘습니다. 이것들을 갈아 끼움으로써 사이퍼의 종류는 엄청나게 늘어나겠지요. 따라서 하나의 암호문이 천문학적으로 길지 않고서는 해독을 위한 분석이 어렵습니다.

견자 이제 완성된 것인가요?

아직 안심하기에는 이릅니다. 아무리 바퀴가 5개짜리라고 해도 암호문을 작성할 때 항상 똑같은 바퀴의 위치에서 시작한다면, 그리고 짧더라도 여러 개의 암호문만 있다면 해독은 식은 죽 먹기가 되어 버리니까요. 모든 암호문의 첫 글자들, 두 번째 글자들, 세 번째 글자들만 모으면 그 각각이 단일 대체 방식의 암호문이 되기 때문입니다. 그러면 평문 자체뿐만 아니라 암호 바퀴의 배열 구조까지 낱낱이 드러나고 말 테죠.

따라서 암호문을 작성할 때마다 매번 시작하는 바퀴의 위치를 달리해야 합니다. 나라의 운명이 좌우되는 상황이므로 그 정도 주의를 기울이는 것은 얼마든지 감수할 만한 일입니다.

향원 이제 남은 문제는 무엇인가요?

남은 문제는 이러한 발상을 기계화해서 실제로 사용할 수 있도록 하는 것입니다.

매번 시작하는 바퀴의 위치를 달리하는 것은 그런대로 손으로 처리 가능해 보입니다. 하지만 현실적인 문제는 여전히 많이 남아 있습니다.

생각해 보세요. 4×10^{26}가지 문자 배열 수만큼 다양한 오른쪽 바퀴 세트를 충분히 갖추고, 그것을 정교한 원통 막대와 함께 전쟁터에 나가 있는 암호병에게 일일이 지급하고, 그것을 받은 암호병은 그 수많은 암호 바퀴들 중에 지정된 것만 골라서 주렁주렁 끼우고, 암호문 철자를 평문 철자로 바꿀 때마다 오른쪽 바퀴를 각각 분별해 가며 일일이 손으로 회전시키고……

아군끼리 그렇게 어렵사리 메시지를 주고받아야 한다면 적군이 암호를 해독할 수 없도록 만들었다고 해도 소용없는 일이 되고 맙니다. 시간이 너무 오래 걸린다는 점에서는 아군 역시 마찬가지인 셈이니까요.

그것을 해결할 수 있는 방법을 당시 사람들은 전자기공학에서 찾아냈습니다. 암호의 송수신 장치에서 이미 혁명을 이룬 전자기공학을 암호의 제작과 풀이의 장치에도 적용해 보는 발상의 전환이 있었던 것이죠.

기계화된 4단계(에니그마의 원형)

입력 자판과 불이 들어오는 램프 보드로 된 출력 자판이 전기회로로 연결된 전동 타자기를 떠올려 봅시다.

전동 타자기 본체 가운데에는 평문을 입력하면 암호 문자로 변환을 실행하는 변환자(스크램블러)가 내장되어 있습니다. 암호 바퀴에서 왼쪽 바퀴가 입력 자판이고, 2개(또는 그이상)의 오른쪽 바퀴는 전기 회로를 기계적으로 변환하면서 출력 단자와 연결시켜 주는 원통형 변환자들(스크램블러)에 해당합니다.

3개의 스크램블러가 들어 있는 스크램블러 유닛

반사판

입력축

자판

램프

배전반

스크램블러는 26가닥의 전선이 뒤엉킨 고무 디스크로 기계에서 핵심이 되는 부분입니다. 에니그마 개발자, 셰르비우스 디자인의 기발함은 스크램블러를 마치 암호 바퀴처럼 회전하게 만들었다는 점입니다. 그것은 마치 자동차 주행 거리 표시판처럼 스크램블러 1번이 1회전하면 2번이 $\frac{1}{26}$회 회전

하고, 2번이 1회전하면 3번이 $\frac{1}{26}$ 회 회전하도록 단순화시켰
는데 이 점이 암호 바퀴와는 조금 다릅니다.

스크램블러 안의 회로가 어떻게 구성되어 있는지에 따라
원문 글자들의 암호화 방법이 결정됩니다. 결과는 전기적 신
호 형태로 암호 바퀴처럼 눈으로 볼 수 없기 때문에 램프 보
드로 된 출력 자판을 만들면 보다 편리하게 암호문을 읽을 수
있습니다.

이제 막상 기계화를 꾀하고 보니 드러나는 문제와 그 개선
과정을 생각해 보면 에니그마에 대해 좀 더 파악할 수 있을
것입니다.

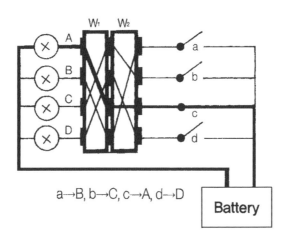

스크램블러 2개짜리 회로도. 스크램블러는 서로 위치를 바꾸며,
스위치 단자나 스크램블러 단자도 변경 가능하다.

구체적인 예를 통해서 정리해 봅시다. 스크램블러 3개짜리 에니그마가 만들어 낼 수 있는 열쇠 수(사이퍼 세트 수)가 몇 가지인가만 따져 보도록 하지요. 여기에는 나누어 생각할 수 있는 3가지 요소가 있습니다.

(1) 3개의 스크램블러가 시작되는 위치에 따라, $26 \times 26 \times 26 = 17,576($가지$)$

(2) 서로 다른 스크램블러 3개를 배열하는 순서에 따라, $3! = 6$ (가지) (같은 복합 대체 사이퍼일지라도 순수한 비즈네르 암호 체계는 3개가 모두 동일한 스크램블러이므로 이러한 배열 순서에 따른 효과가 발생하지 않음)

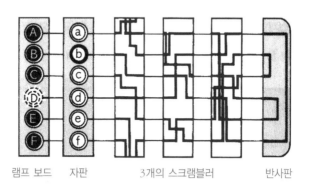

| 램프 보드 | 자판 | 3개의 스크램블러 | 반사판 |

스크램블러 3개짜리 회로도

이때 앞의 2가지 요소를 서로 곱해야 합니다. 이것은 회전하는 전동식 스크램블러를 통해서 간단히 실행시킬 수 있습니다. 그런데 곱해야 할 요소가 하나 더 있습니다.

(3) 가능한 사이퍼 세트 수(약 4×10^{26})에 따라 서로 다른 스크램블러 수(원통이므로 25!)가 존재하므로 그중 3개를 고르는 방법의 수는 $25! \times (25! - 1) \times (25! - 2) \div 3!$(가지)이다.

정말 상상을 초월하는 크기의 숫자입니다!

사실 열쇠 수를 늘리는 데는 세 번째 요소가 가장 큰 공헌을 합니다. 이 요소까지 1대의 기계 안에서 어느 정도 반영되도록 만들었다는 점에서 셰르비우스 디자인은 탁월합니다. 그는 입력 자판에서 1번 스크램블러로 들어가기 전에 배전반이라는 장치를 장착시킴으로써 이것을 간단히 해결했습니다. 배전반은 자판에서 입력된 글자가 1번 스크램블러로 들어가기 전에 위치를 바꿔 주는 기능이 있습니다. 그리고 그것은 사이퍼 세트를 다양하게 만들어 주는 것과 기본적 성격이 일치하지요.

배전반을 설치함에 따라 26개 철자 중 6개의 글자들(당시에는 배전반 전선이 6가닥이었음)을 선택할 수 있었으므로 이들의

신호가 서로 교환되게 할 수 있는 가짓수는 100,391,791,500
가지입니다.

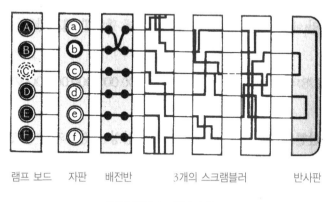

램프 보드   자판   배전반   3개의 스크램블러   반사판

배전반 달린 스크램블러 회로도

견자 전선 6가닥짜리 배전반의 효과가 100,391,791,500가
지로 되는 경위를 조금 자세히 알고 싶습니다.

6가닥 전선의 양끝에 서로 다른 철자를 연결할 수 있으므
로 12개의 철자를 먼저 골라 놓습니다. 26개 철자에서 12개
를 골라내는 방법은

$$\frac{\overbrace{26 \times 25 \times 24 \times \cdots \times 15}^{12개}}{12 \times 11 \times 10 \times \cdots \times 2 \times 1} = 9,657,700(\text{가지})$$

입니다. 다시 이 12개 철자를 둘씩 6조로 묶는 방법은

$$(12-1) \times (10-1) \times (8-1) \times (6-1) \times (4-1) \times (2-1) = 11 \times 9$$
$$\times 7 \times 5 \times 3 \times 1 = 10,395(\text{가지})$$

입니다. 이 둘을 곱하면 $9,657,700 \times 10,395 = 100,391,791,500$
이 됩니다.

따라서 전선 6가닥 배전반이 장착된, 서로 다른 스크램블러 3개짜리 에니그마를 해독하는 데 필요한 총 횟수는 다음과 같습니다.

$$17,576 \times 6 \times 100,391,791,500$$
$$\fallingdotseq 10,000,000,000,000,000(\text{가지})$$

간단한 기계인 에니그마가 이렇게 엄청난 경우의 수를 발생하므로 송신인과 수신인은 3가지 사항을 미리 합의해 두어야 할 필요가 있습니다. 즉, 배전반 배합 상태와 그와 독립적인 스크램블러의 순서 및 초기 위치, 이 3가지 열쇠를 합의해 두기만 하면 메시지 암호화 및 암호문의 평문화는 아주 쉽습니다. 그렇지만 열쇠를 모르는 상태에서 암호문만 가로챈 적

군은 1번 체크에 1분씩, 쉬지 않고 해도 우주의 나이보다 더 긴 세월이 걸립니다.

향원 경우의 수를 늘리는 데 결정적인 공헌을 하는 요소는 배전반입니다. 그렇다면 배전반만 가지고도 보안 유지는 충분해 보이는데요, 배전반에 비해 상대적으로 훨씬 적은 경우의 수를 만드는 스크램블러를 넣을 필요가 있나요? 스크램블러는 제작하고 사용하는 데 어려움이 많은데 말이죠.

향원의 질문은 에니그마 암호의 해독 과정과 연결되어 있습니다. 다음 시간에 질문에 대한 대답과 함께 그 이야기를 시작하지요.

에니그마의 해독

기계 암호를 풀기 위한 필사의 노력에 대한 결과는 무엇일까요?
그것은 바로 최첨단 기계인 컴퓨터의 개발로 이어지는 성과입니다.

7

일곱 번째 수업

에니그마의 해독

튜링은
에니그마의 해독 과정을 설명하며
일곱 번째 수업을 시작했다.

배전반은 수많은 단일 대체 사이퍼 세트들 중에서 특정 세트를 고르는 일에 해당합니다. 따라서 가능한 모든 경우의 열쇠를 일일이 체크해 보는 임의 해독을 무척 어렵게 하지요.

그렇지만 특정 사이퍼 세트를 골라 암호 제작에 들어가면 시종일관 변하지 않는 요소입니다. 즉, 하나의 암호문을 작성하는 도중에는 바뀌지 않는 요소이지요. 따라서 스크램블러 없이 배전반만 활용해서 만든 암호문은 통째로 하나의 적나라한 단일 대체 사이퍼가 되고 맙니다. 이런 성격의 암호문은 수많은 열쇠를 일일이 대입해 보는 임의 해독보다 훨씬 쉬운 빈도 분석법이 적중되는 대표적 예입니다. 암호 해독자에게 이 정도의 암호문을 푸는 일은 식은 죽 먹기일 테죠.

견자 배전반에 의한 수많은 경우의 수라고 해도 빈도 분석법으로는 단 하나의 경우의 수가 되고 마는군요.

맞아요. 그렇다면 배전반의 효과를 살리기 위해서는 어떻게 해야 할까요?

견자 어떻게 해서든지 빈도 분석을 못하게 막아야 합니다.

맞습니다. 경우의 수도 늘리지만 무엇보다 빈도 분석을 방지하는 요소가 바로 스크램블러입니다. 스크램블러는 앞서 설명했다시피 일단 선정된 암호 바퀴의 위치를 계속 바꿔 주는 역할을 합니다. 따라서 작성된 암호는 발생된 단일 대체 사이퍼의 종류만큼 골고루 섞인 복합 대체 사이퍼가 됩니다. 이때는 단일 대체 사이퍼 종류 수가 클수록 빈도 분석도 어려워집니다.

견자 그렇다면 스크램블러가 전체 암호문을 복합 대체 사이퍼로 둔갑시키는 마법의 원통이군요.

정말 재미있는 표현입니다. 일단 빈도 분석이 불가능해지면 배전반 효과는 그대로 살아납니다. 셰르비우스는 스크램블러와 배전반을 조합함으로써 빈도 분석법으로 깨지지 않으면서 엄청난 열쇠 수를 갖는 사이퍼 기계를 만드는 데 성공했습니다. 그것이 바로 에니그마이지요.

견자 결국 배전반이 있기 때문에 오히려 스크램블러가 더욱 필요하다는 의미네요.

그렇습니다. 자, 이젠 에니그마의 해독 과정에 대한 이야기를 해 볼까요?
먼저 에니그마는 단일한 기계를 일컫는 명칭이 아니라는 것을 강조해 둡시다. 에니그마는 제2차 세계 대전 내내 독일이 개선을 거듭해 온 시리즈 제품의 통칭입니다.
초창기 에니그마 사이퍼를 깬 것은 폴란드였습니다. 그 성공의 3가지 요소로 엄청난 지적 능력, 절묘한 첩보 활동, 죽음에 직면한 공포심을 꼽습니다. 폴란드는 독일의 침공 위협에 대한 공포가 가장 심했던 만큼 해독 아니면 죽음이라는 공포감이 컸습니다.

절묘한 첩보 활동은 에니그마를 다루는 수뇌부에 근무했던 슈미트(Hans Thilo Schmidt)가 조국 독일에 대한 반감으로 지속적 기밀 유출 행위를 했기 때문에 가능했습니다. 이를테면 슈미트가 은밀히 전해 주는 서류 가방에는 에니그마 오퍼레이터가 매일매일 사용하는 열쇠 책자가 들어 있었습니다. 1달 단위로 폐기하고 새것으로 전해 받는 코드북에는 그날그날의 열쇠(Day-Key) 1달분이 적혀 있습니다. 예컨대 어느날의 데이 키는 다음과 같은 모습입니다.

(1) A/L - P/R - T/D - B/ W - K/F - O/ Y

(2) 2 - 3 - 1

(3) X - Y - Z

(1)번은 배전반 전선의 세팅에 관한 열쇠이고, (2)번은 스크램블러 순서를 바꿔 주는 열쇠, (3)번은 스크램블러 초기 위치를 지정해 주는 열쇠입니다.

지시에 따라 세팅을 마치고 암호문을 입력시키면 바로 평문 메시지가 램프 보드에 출력됩니다.

이런 해독은 문맹만 아니면 누구나 할 수 있습니다. 에니그마는 평문을 암호로 만들 뿐만 아니라 암호문을 평문으로 만들기도 하는 양방향 암호 기계입니다. 에니그마가 양방향 기계인 것은 반사판이라는 요소가 결합되어 있기 때문이지요.

슈미트의 서류 가방에 그때그때 사용에 관한 구체적인 정보만 있고 에니그마의 구조적인 정보가 없었더라면 원천적 해독은 불가능했을 것입니다. 당시 에니그마의 구조에 관한 기밀 사항을 조합해서 원천적 해독을 할 수 있는 사람은 독일어에 능한 수학자들뿐이었습니다. 그중 특히 출중했던 사람은 폴란드 수학자 레예프스키(Marian Rejewski, 1905~1980)였습니다.

독일은 하루에 주고받는 메시지가 많아지자 데이-키의 약점을 걱정했습니다. 하나의 데이-키에 따르는 암호문이 여럿일 경우 그 자체로 빈도 분석이 가능하다는 점을 우려했지요. 그래서 추가로 만들어 낸 것이 각 메시지마다 달리 부과되는 메시지 키입니다.

데이-키는 이 메시지 키를 암호화하거나 암호화된 메시지 키를 풀 때만 사용하는 것이지요. 본래 메시지는 메시지 키에 따라 암호화·복호화합니다.

향원 메시지 키에 대해 좀 더 설명해 주세요.

무작위 선택된 메시지 키(세 철자를 2번 반복한 여섯 철자)를 데이 – 키에 따라 2번 반복해서 1회만 암호화합니다. 이를테면 메시지 키 ABC를 데이 – 키에 따라 2번 연속 암호화하면 USAKGB로 나온다고 합시다. 그런 다음 스크램블러들의 위치를 원래 메시지 키, 즉 ABC에 맞추고 메시지 본체를 암호화하면 됩니다.

수신자는 에니그마를 그날의 데이 – 키에 이미 맞춰 놓았습니다. 그날 받은 암호문 메시지 가운데 첫머리 여섯 글자는 분명 USAKGB이고 여기에만 데이 – 키가 적용되었습니다. 따라서 역시 같은 데이 – 키로 미리 맞춰진 수신자 에니그마에 USAKGB만 입력시키면 메시지 키를 찾아 거기에 따라 복원시켜야 합니다. 데이 – 키를 통해서 메시지 키 ABC를 복원했다고 합시다. 그런 다음 스크램블러를 메시지 키인 ABC에 맞춘 후 본 메시지를 복원하면 됩니다. 이해가 되나요?

광인 하루 동안 반복해서 데이 – 키만 사용되는 메시지가 평균 600자라고 할 때 메시지 키를 도입하면 6글자에만 데이 – 키, 즉 1일 공용 키가 적용됩니다. 빈도 분석 자료가 100분의 1로 줄어들게 되는 것이지요. 하루 100건의 메시지가 처리될

때 메시지 키를 함께 사용하면 데이 – 키에 의한 자료도 6 ×
100문자고, 메시지 키에 의한 자료도 서로 다른 사이퍼 600문
자짜리 100개일 따름입니다. 빈도 분석 대상이 단 600문자가
되는 것입니다. 반면에 모두 데이 – 키를 적용한다면 동일한
사이퍼 600×100문자가 빈도 분석 대상이 될 테지요.

정말 잘 이해하고 있군요. 그처럼 에니그마가 정교해지고
지능적인 장치가 추가되는 가운데서도 레예프스키는 엄청난
착안을 해냈습니다.

가능한 데이 – 키는 대략 10,000,000,000,000,000개인데
그중 스크램블러에 의한 것이 26 × 26 × 26 × 3! = 105,456
임은 이미 알고 있었습니다. 에니그마 구조상 나머지 경우의
수인 100,391,791,500를 산출하는 요소는 배전반일 것이라
는 사실도 알았습니다. 하지만 그의 놀라운 통찰력은 두 요
소가 성격상 분리 가능하다는 사실까지 간파한 데 있습니다.

셰르비우스 디자인의 탁월함이 어디서 오는 것인지 꿰뚫은
레예프스키는 그 점을 역으로 활용했습니다.

스크램블러에 의한 경우의 수 105,456도 아직 큰 수이지만
그것만 처리하면 100,391,791,500이라는 요소는 무력해진다
는 사실을 간파한 것이죠. 그것으로도 처리 대상을 1,000억

분의 1로 손도 대지 않고 줄일 수 있었습니다!

향원, 견자, 광인 와, 정말 대단합니다!

레예프스키는 더욱 확신을 갖고 요소별로 분리해서 연구한 결과 불과 1년 만에 스크램블러 세팅의 연쇄 종류에 관한 긴 카탈로그를 완성할 수 있었습니다. 우주의 연령에 비하면 1년은 순간에 해당합니다. 105,456개의 스크램블러 세팅을 모두 체크하는 집요함은 1,000억분의 1이라는 효능을 알았기 때문에 가능했지요. 그의 손에 맡겨졌던 폴란드 민족의 운명을 번뜩이는 수학적 지식 하나가 살려 낸 것입니다.

레예프스키가 개발한 암호 해독 기계는 봄브(Bombe)라고 불리는 유닛으로, 스크램블러 세팅을 체크할 때 나는 소리가 시한폭탄과 비슷한 데서 유래합니다.

견자 선생님이 기여하신 대목은 언제 나오나요?

레예프스키가 고안한 기술이 한계에 도달한 시점에서입니다. 1938년 독일은 에니그마를 업그레이드했습니다. 스크램블러를 3개에서 5개로 늘린 것이죠. 새로 추가된 2개의 내부

회로를 알아내야 하는 것은 물론이고, 그 배열 순서를 알아
내기 위해서는 장비를 10배로 늘려야 합니다. 배전반도 전선
의 가닥이 6개에서 10개로 늘어났습니다.

1939년 초 폴란드의 정보 도청 및 해독 능력은 마비되고
말았습니다. 폴란드는 더 이상 감당할 수 없는 지경에 이르
자 비밀에 부친 채 축적해 온 암호 해독 능력을 연합국이라도
활용할 수 있도록 하고자 했습니다. 그리고 봄브 개발에 축
적된 모든 노하우를 전수받은 영국은 블레츨리 파크에 암호
해독가들을 모두 소집했습니다. 나도 1939년 9월 이 팀에 합
류하게 되었지요.

견자 드디어 선생님이 등장하시는군요!

나는 우선 시급한 대로 에니그마가 지닌 약점을 모두 파악
한 후 그것을 최대한 이용해서 당장의 해독을 근근이 해 나갈
수 있었습니다. 그렇지만 가장 먼저 우려한 것은 바로 그 약
점을 독일이 보완해 버리는 상황이었습니다. 그중에서도 에
니그마의 보안성을 특히 떨어뜨리는 메시지 키의 교환 방식
을 바꿔버리는 상황은 결정적 실마리를 잃는 것과 마찬가지
였습니다.

수신자가 한 글자라도 누락하는 실수를 범할까 봐 메시지 키를 2번 반복해서(이를테면 KGB를 KGBKGB로) 치는 방식이 위험함을 깨닫고 반복을 금지시키는 것은 시간 문제였기 때문입니다. 그 대안을 찾는 것이 내가 맡은 첫 임무였습니다.

나는 블레츨리 파크에 이미 막대한 분량의 해독문이 쌓여 있는 점에 주목했습니다. 첫 번째 성과는 암호문의 특정 부분은 원문의 특정 부분과 바로 연결시킬 수 있는 경우가 있음을 발견한 것입니다.

예컨대, 독일군은 매일 새벽 6시 직후에 일기 예보를 암호로 전송합니다. 따라서 6시 5분에 도청된 암호문에 '날씨'의 독일어 'wetter'가 들어 있을 확률은 100%에 가깝습니다. 또 군대식 메시지는 엄격한 규칙에 따라 메시지 스타일이 일정할 수밖에 없기 때문에 암호문에서 'wetter'를 암호화한 부분을 집어낼 수 있다고 확신했습니다. 실제로 암호문 첫 여섯 글자가 원문의 'wetter'를 암호화한 경우가 가장 많았습니다.

블레츨리 파크 팀은 이처럼 암호문에서 미리 집어낼 수 있는 평문 단어를 일컬어 크립(crip)이라고 했습니다. 우리 팀 내에서 통하는 일종의 직업 은어인 셈이지요. 다른 크립의 예로는 군사상 자주 쓰는 용어, 즉 총사령부, 나치 총통지휘본부 등 계급명과 부서명이 있습니다. 수를 아라비아 숫자가 아닌 철자로만 쓰게 되어 있는 탓에 1에 해당하는 'enis'는 어느 메시지에서나 자주 등장하는 단어였습니다.

나는 크립을 이용하면 에니그마를 충분히 깰 수 있다고 확신했습니다.

향원, 견자, 광인 크립을 생각해 내시다니 정말 대단한데요.

크립은 손도 댈 수 없는 시험지를 앞에 둔 수험생에게 극적으로 주어진 커닝 페이퍼라는 의미 그대로 요긴하게 쓰였습니다.

확실한 크립 중에서도 철자 수가 많은 것은 그 자체가 체크 기호로도 쓰일 수 있습니다.

이를테면 'Fuhrerhauptquartier(총통지휘본부)' 같은 단어가 확실히 포함되어 있는 메시지라면, 그것이 암호문의 어디에 해당하는지 체크하는 일은 쉽습니다. 이 19개 철자를 같은 순서대로 대조할 때 암호문의 철자와는 한 자도 일치하지 않는 구간을 찾으면 되니까요.

에니그마는 평문을 암호화하는 암호 제작기일 뿐만 아니라, 암호문을 입력하면 바로 부호가 되기도 하는 해독기로도 사용할 수 있다고 했지요. 그리고 그것이 가능하도록 반사판이라는 요소를 달고 있다고도요. 그렇기 때문에 에니그마는 입력시킨 철자는 절대 출력되지 않게 되어 있습니다. 실제로 활용하는 요령은 아주 쉽지요.

견자 저도 할 수 있을 것 같아요. 암호문 첫머리 아래 줄에 Fuherhauptquartier라는 단어를 놓고 눈으로 대조해 봅니다. 암호 철자와 평문 철자가 위아래로 일치하는 경우가 19개 중 단 하나만 있어도 자리를 이동해 가며 다시 대조합니

KENMMBFZBFVNPQFZETYMENFFYWTKWTBVBFENALNZKLN
QENANVNRNTMNFHXFRBNTANATYBIEJBYAEQNAYVLYAENF

KENMMBFZBFVNPQFZETYMENFFYWTKWTBVBFENALNZKLN
Fuhrerhauptquartier
QENANVNRNTMNFHXFRBNTANATYBIEJBYAEQNAYVLYAENF

KENMMBFZBFVNPQFZETYMENFFYWTKWTBVBFENALNZKLN
· · · · · · · ·
QENANVNRNTMNFHXFRBNTANATYBIEJBYAEQNAYVLYAENF
· · · · · · · ·

전자 방식으로 작성된 암호문.
이것으로 평문 단어 fuhrerhauptquartier의 위치를 추적한다.

다. 특히 암호문에서 F인 지점은 절대 Fuherhauptquartier라는 단어가 시작하는 곳이 아닙니다.

그렇습니다. 이런 크립의 이용은 지능적인 에니그마 암호 해독의 실마리를 제공했습니다. 그렇지만 에니그마도 진화

를 해서 체크해 보아야 할 세팅의 수가 불가능에 가까울 정도로 많다는 점이 문제였습니다. 이때 다시 레예프스키의 지혜로운 발견이 그 효능을 발휘했습니다. 배전반 전선 세팅의 문제와 스크램블러 세팅의 문제를 분리해서 생각하는 발상을 크립에도 적용해 보았던 것입니다.

예를 들어, 어떤 크립에서 배전반 세팅과 전혀 관계없는 부분만 찾아낼 수 있다면, 남은 1,054,560가지 스크램블러 세팅만 조사해 보면 됩니다. 레예프스키의 경우보다 10배 늘어난 이유는 스크램블러 배열을 3개로 자리바꿈하던 것에서 5개로 늘린 다음 그중 3개를 조합하였기 때문입니다.

향원 크립을 활용하는 것 말고는 선생님의 명성에 걸맞은 결정적 공로가 나오지 않은 것 같아요.

나는 조만간 반복되는 메시지 키 전송이 중단될 것을 대비하여 메시지 키와 무관한 루프, 즉 크립 내의 원문과 암호문을 연결하는 관계의 순환 고리를 추측하는 것을 알고리즘화했습니다.

아직은 암호 해독이 쉬워진 것을 느끼지 못할 것입니다. 체크해야 할 경우의 수도 그대로입니다. 그렇지만 놀랍게도 바로 이 대목에서 엄청나게 획기적인 단순화가 가능해집니다. 루프 개념은 바로 이 놀라운 단순화를 실제로 구현하기 위한 자동 제어의 선행 개념인 셈이죠.

내가 착안한 것은 부지런한 암호 해독자처럼 쉬지 않고 작업을 하는 기계였습니다.

따라서 크립의 루프를 분석해서 에니그마를 깨는 지름길을 미리 찾아 놓는 것은 필수적입니다. 그럼으로써 최적의 크립의 루프를 전기 회로의 루프와 동일하게 만들면 됩니다. 여기에 마지막으로 2가지 장치를 기계에 추가합니다.

하나는 전기 회로가 배전반 효과를 무시할 수 있도록, 즉 전체 회로를 통해서 배전반들이 서로 상쇄될 수 있도록 여러 대의 기계를 맞물려 세팅하는 것입니다. 이렇게 하면 배전반 효과는 기계적으로 무시할 수 있게 됩니다. 언제 중단될 지 모를 메시지 키에 의존하지 않고도 작업량을 10조분의 1로 줄이는 비약적 능률입니다.

다른 하나는 스크램블러 세팅을 끊임없이 변화시키면서 체크하는 기계가 올바른 세팅에 놓였을 때 회로가 완성되면 여러 대의 기계에 함께 전류가 흐르는 요소를 추가하는 것입니다. 남은 일은 그 회로의 끝에 전구 하나를 끼우는 일! 올바른 세팅에 도달하면 흐르는 전류로 인해 전구에 불이 켜지면서 고단하고 지루한 체크 과정은 저절로 멈추게 되지요.

실제로 스크램블러가 17,576가지의 서로 다른 위치를 1초에 하나씩 차례로 모두 체크할 경우라도 5시간밖에 걸리지 않습니다.

견자 전황이 급변하여 독일에 대해 영국이 절대 우위를 유지하게 되었습니다. 특히 1940년 7월, 영국으로 이어지는 해상 보급로를 차단하던 U보트 암호를 해독함으로써 선생님은 일차 구국의 공로를 세우셨고, 1942년 8월에는 더욱 정밀한 암호 체계로 무장한 U보트의 침공에 속수무책이던 영국이 선생님의 필사적인 노력과 천재성에 힘입어 새로 개발한 암호 해독기 '뉴 봄브 시리즈' 덕택에 독일과의 전쟁에서 마침내 승리를 이끌었던 것이지요?

광인 역사학자 칸(David Kahn)이 '암호 해독은 제2차 세계 대전을 3년 이상 단축시켰으며, 결과적으로 많은 생명을 구하였다'라고 한 말이 실감 나는데요.

향원 저 역시 '제2차 세계 대전에서 영국을 구한 사람을 꼽는다면 처칠 다음으로 튜링'이라는 말이 기억납니다.

다시 나의 주된 관심은 암호 해독 기계를 넘어 보다 보편적인 연산 기계였습니다. 그것은 내 스스로 유니버설 튜링 머신이라고 이름 붙인, 연산 능력을 가진 최초의 컴퓨터 개념이라 할 수 있습니다.

광인 말씀을 들고 보니 선생님께서 개발하신 암호 해독 기계가 마치 암호 해독용 컴퓨터를 연상시킵니다. 그 당시부터 이미 선생님은 컴퓨터의 개념과 원리를 꿰뚫고 계셨군요. 그렇다면 에니그마 암호 해독이 현대 컴퓨터 등장의 직접적인 발단이 되었다고 할 수 있나요?

그렇다고도 할 수 있습니다만, 일이 진행된 순서가 조금 다릅니다.

내가 조국의 부름을 받고 에니그마 암호 해독에 참여하기 위해 블레츨리 파크 팀에 합류한 것은 1939년인데, 이미 그 2년 전에 논문 〈연산 가능한 수들에 관하여〉를 발표한 적이 있습니다. 그때 나는 26살이었는데, 나중에 튜링 머신이라는 이름이 붙은 기계 모델까지 수학적으로 고안했습니다. 거기에는 명령어와 프로그램으로 작동되는 오늘날 컴퓨터의 청사진이 고스란히 담겨 있습니다. 그리고 세계 최초로 연산

기능을 갖춘 컴퓨터라 할 수 있는 콜로서스라는 실물을 1,500개의 진공관으로 제작한 것은 1943년입니다.

하지만 이런 일련의 업적의 발단이 된 것은, 그리고 특히 논문 〈연산 가능한 수들에 관하여〉를 쓰게 된 발단이 된 것은 1931년 괴델(Kurt Gödel, 1906~1978)이 발표한 '불완전성 정리'를 석사 과정 중이던 1935년에 접하고부터였습니다.

나는 수학이 모든 문제를 해결할 수 있는 전능한 학문이 아니라는 데 충격을 받았습니다. 이미 증명까지 끝난 괴델의 정리를 접하고 내가 생각한 과제는, 수학이 결정할 수 없는 미결정 문제가 존재한다면 어떤 명제가 그런 명제인지를 판단하는 방법을 찾는 것이었습니다.

그래서 개발한 것이 사칙 연산을 포함한 모든 논리적 과정을 실행하는 상상 속의 기계인 튜링 머신이었던 것입니다.

광인 현대 컴퓨터의 최초 발단은 순수 수학의 증명에서 비롯되었군요.

그렇습니다. 에니그마 암호 해독은 컴퓨터 개념의 발단이 아니라 초기 적용의 예라 할 수 있겠습니다.

향원 그렇다면 암호에 대한 지식은 갖추지 않으신 상태에서 블레츨리 파크에 합류하셨나요?

그렇지 않습니다. 나는 이미 프린스턴 대학 시절인 20대 초반부터 암호학에 몰두했습니다. 비록 블레츨리 파크 캠프에 합류하고서 매달려야 했던 암호는 근대적인 문자 사이퍼 암호였지만, 내가 일찍부터 관심을 가졌던 암호는 순수 수학적인 현대 암호 형태였습니다.

견자 순수 수학적인 현대 암호 형태란 무엇인가요?

간단히 요약하면 모든 알파벳 철자를 숫자로 일단 전환한 다음 숫자 열쇠로 본격적인 암호화도 하고 복호화도 하는 암호 체계입니다.

광인 바야흐로 암호학이 수학 이론에 바탕을 두기 시작하는군요. 그런 점에서 선생님은 암호학에서도 현대적 개념의 효시라고 할 수 있겠네요.

현대 암호학은 분명히 수학에 바탕을 두고 있는 학문이라는 점을 다시 한 번 강조합니다.

8

현대 암호 둘러보기

현대 암호의 가장 중요한 특징은 무엇일까요?
수학을 기반으로 하는 컴퓨터 암호라는 것입니다.

8

마지막 수업
현대 암호 둘러보기

튜링이 현대 암호를 소개하며
마지막 수업을 시작했다.

오늘은 현대 암호에 관한 이야기를 하겠습니다. 먼저 동의어처럼 혼용되고 있는 다음 3가지 명칭을 살펴봅시다. 이것의 분별을 이해하다 보면 자연히 현대 암호에 대한 윤곽이 잡힐 것입니다.

현대 암호(modern encryption)

컴퓨터 암호(computer-based encryption)

수학적 암호(math-based encryption)

지금까지 암호의 제작과 해독은 방패와 창의 역할을 번갈아가며 해 왔고, 그 마지막 방패와 창 사이에서 현대 컴퓨터가 출현했음은 기억할만한 사건입니다.

광인 암호 제작자가 방패였고 암호 해독자가 창이었다면, 에니그마가 마지막 방패였고 튜링 머신이 다시 그에 대한 마지막 창이었다는 말씀인가요?

그렇죠. 그런데 튜링 머신이 계획이나 구상 정도였다면 암호 해독용으로 제작된 최초의 실제 컴퓨터는 콜로서스입니다.

기계식 암호를 훨씬 더 강력한 전자식으로 해독하게 되자 암호 제작도 뒤따라 전자식으로 진화하게 되었습니다. 컴퓨터를 이용한 암호문 제작과 에니그마로 상징되는 기계식 암호 제작 사이의 차이는 다음 3가지로 요약됩니다.

(1) 기계식 사이퍼 장치는 설계상의 기계를 실용적으로 제작할 수 있는지 여부가 그 한계인 데 반해, 컴퓨터는 엄청나게 복합한 이론상의 사이퍼 장치도 프로그래밍이 가능하기만 하면 실제로도 구현이 가능하다는 것입니다.

수십 개의 스크램블러를 가정하여 일부는 시계 방향으로,

다른 일부는 시계 반대 방향으로, 또 다른 일부는 7번째 글자마다 생략되는가 하면, 특별한 몇 개는 점점 더 속도가 빨라지게 하는 등의 프로그래밍이 컴퓨터에서는 자유롭게 실현됩니다. 그렇지만 이런 기능을 갖춘 기계를 만드는 일은 현실적으로 불가능합니다.

(2) 속도의 차이도 뚜렷합니다.

전자들의 움직임에 의해서 처리되는 컴퓨터 암호 제작이 스크램블러의 움직임에 의한 기계식 암호 제작보다 눈에 보일 정도로 빠른 이유는 간단합니다. 전자의 움직임이 스크램블러의 회전보다 비교할 수 없을 정도로 빠르기 때문입니다. 당연한 결과지만, 에니그마 사이퍼를 만들되 작동 프로세스를 그대로 모방한 프로그램의 컴퓨터는 아무리 메시지가 길어도 거의 순간적으로 암호화할 수 있습니다. 물론 기계식으로는 불가능한 형태의 복잡한 암호문 제작도 상대적으로 짧은 시간에 처리해 낼 수 있습니다.

(3) 실로 결정적인 차이라 할 수 있는 것으로, 컴퓨터 암호는 모든 문자를 숫자화(이진수)한 상태에서 숫자를 암호화한다는 사실입니다.

어떤 메시지라도 암호로 변환시키기 전에 숫자로의 예비 변환이 이루어져야 합니다. 이 변환을 암호화로 착각해서는 안 됩니다. 이 점은 불편한 번거로움이라기보다, 컴퓨터 암호가 곧 수학적 암호로 성격을 굳히면서 보안 및 열쇠 관리를 수학이라는 학문적 바탕 위에 서게 하는 특성입니다.

광인 세 번째 차이점이 컴퓨터 암호의 가장 중요한 특성이라고 할 수 있겠군요.

튜링 머신

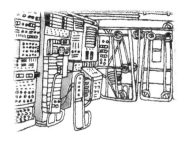

콜로서스

그렇습니다. 사이퍼의 숫자화에는 다양한 프로토콜(변환에 관한 규약)이 있으며, 가장 널리 사용되는 형태가 흔히 아스키(ASCII, American Standard Code Information Interchange)라고 알려진 미국 정보 교환 표준 코드입니다.

A	1000001	N	1001110
B	1000010	O	1001111
C	1000011	P	1010000
D	1000100	Q	1010001
E	1000101	R	1010010
F	1000110	S	1010011
G	1000111	T	1010100
H	1001000	U	1010101
I	1001001	V	1010110
J	1001010	W	1010111
K	1001011	X	1011000
L	1001100	Y	1011001
M	1001101	Z	1011010

아스키(ASCII) 시스템에 따라 영어 알파벳 대문자를 이진수로 나타낸 표

견자 아, 문서 작성 시에 파일 속성을 고를 때 아스키 파일이라는 항목이 있던데 이런 유래를 갖는 거였군요!

맞습니다. 이와 같은 문자의 숫자화가 아직 암호화가 아닌

것은 모스 부호 문장이 암호문이 아닌 것과 같은 맥락입니다. 다시 한 번 강조하지만 일단 메시지를 이진수로 변환하고 나서 비로소 본격적인 암호화 작업이 시작됩니다.

견자 선생님, 저는 컴퓨터 암호가 제작되는 실제 과정이 정말 궁금해요.

그렇다면 궁금증을 풀어 줄 만한 상징적인 단면을 소개하겠습니다. 기본 정신은 숫자화된 메시지를 엉뚱한 숫자로 만드는 것입니다. 그것이 바로 컴퓨터 암호문이지요. 그 엉뚱한 숫자들을 직접 문자로 복원해 보면 뜻 모를 메시지가 나오거든요.

견자 예를 들면요?

컴퓨터를 사용하기 전에는 A를 B로 대체할 경우 A자리에 B를 대신 넣었습니다. 예컨대 AIR DANCE는 BIR DBNCE로 나오게 되는 거지요.

그런데 아스키 코드를 따를 경우 컴퓨터에서는 A에 해당하는 1000001을 B에 해당하는 1000010으로 대체하는 것입니다. 즉 ACE는 1000001 1000011 1000101인데, 이것을 1000010 1000011 1000101로 변환시키면 그것은 BCE로 대체한 것과 같습니다.

견자 저는 1000001 1000011 1000101이건, 1000010 1000011 1000101이건 못 알아보는 것은 마찬가진데요?

그것은 나도 마찬가지입니다.

그렇지만 컴퓨터는 잘 알아봅니다. 아니, 컴퓨터가 잘 알아보도록 맞춰 놓았다는 표현이 더 적절하겠군요. 하지만 엉뚱하게 보이도록 만든 과정 자체는 정확하게 짜인 과정을 갖고 있어야 합니다. 왜냐하면 그 과정을 역으로 밟으면 고스란히 원문을 복원할 수 있어야 하는 점은 그전 암호와 똑같기 때문입니다.

이를테면 암호화할 메시지가 'I LOVE YOU'라고 합시다. 그리고 숫자로 변환시키는 프로토콜은 방금 소개한 아스키 코드에 따른다고 합시다. 그러면

I 1001001, L 1001100, O 1001111, V 1010110, E 1000101, Y 1011001, O 1001111, U 1010101

입니다. 이 여덟 철자의 숫자 조합을 간격 없이

100100110011001001111101011010001011011001100111110
10101

로 만듭니다. 말하자면 암호라는 요리를 하기 위해서 재료를 깔끔하게 손질해 놓은 상태로 만드는 것이지요.

견자 선생님, 이런 복잡한 작업을 일일이 해야 하나요? 아주 간단한 메시지의 암호화 준비 단계만 해도 중간에 틀리지 않을 수 없을 만큼 너무 번거로워요.

복잡해 보이는 과정이지만 서두에서도 강조했듯이, 반드시 거쳐야 합니다. 그렇다고 걱정할 필요는 없습니다. 일일이 사람의 손으로 하는 것이 아니고 오류 없는 프로그램으로 컴퓨터가 신속하게 알아서 하기 때문이죠. 사람은 시키기만 하면 됩니다.

그러고 나면 그 다음부터는 주방장의 취향에 따라 암호로의 변환 방식이 적용되는데, 거기에는 고전 암호의 유명한 방식인 전치와 대체가 그대로 활용되기도 합니다.

컴퓨터 암호에서 사용되는 전치의 예로, 이어지는 두 수끼리 묶고 각 쌍의 두 수를 서로 자리바꿈하는 간단한 전치를 암호문 작성 기법으로 삼는다고 합시다.

최초 14비트 I와 L 두 문자만 시행해 보면

10010011001100 → 01100011001100

이 됩니다. 복원하면 첫 철자 I는 달리 나오고 두 번째 철자는 L은 그대로 나오겠네요. 여기서 암호문을 문자화하면 어떻게 나올지는 전적으로 우연일 따름입니다.

광인 무척 간단한 만큼 보안성은 약해 보입니다. 좀 더 보안성이 강화된 방식도 있겠지요?

그렇습니다. 실제 사용되는 컴퓨터 암호 중 하나로 복잡한 과정을 거치는 DES 암호라는 것이 있는데, 그 암호화 과정 중 첫 단계가 IP(initial permutation)입니다. 초기 치환이라고도 하는 이 단계는 64비트(한 문자당 8비트씩 8문자)를 하나의 단위로 다음 페이지의 표에 따라 한꺼번에 자리바꿈하기도 합니다.

IP의 예

58 50 42 34 26 18 10 02   60 52 44 36 28 20 12 04

62 54 46 38 30 22 14 06   64 56 48 40 32 24 16 08

57 49 41 33 25 17 09 01   59 51 43 35 27 19 11 03

61 53 45 37 29 21 13 05   63 55 47 39 31 23 15 07

ASCII 코드 원문 예	IP에 따라 치환된 암호문
01001001 00100000	10111101 10010000
01001100 01001111	00111100 00101001
01010110 01000101	00000000 01000010
00100000 01010010	00001101 10011000

이는 64비트 열을 재배열하는데, 1번 자리에 58번째 비트를 놓고 2번 자리에 50번째 비트를 놓고, 3번 자리에는 42번 비트를 놓고……, 하는 방식으로 자리를 바꾸는 형태입니다.

향원 둘 다 일종의 숫자끼리의 전위 방식이네요?

그렇습니다. 근본적인 사이퍼 기법 자체는 전통적인 방식을 그대로 물려받이 쓰게 됩니다. 그래서 고전 암호도 철저하게 학습할 필요가 있습니다. 내가 고전 암호를 비교적 상세하게 설명했던 까닭입니다.

광인 그렇다면 대체 기법도 있겠네요?

물론이죠. 역시 DES 암호의 암호화 과정 가운데 하나인 배타적 논리합(exclusive-OR)이라는 연산이 있습니다. 이것은 평문과 키를 결합하는 연산으로, 원문과 열쇠가 같은 수일 경우 0이고 다를 경우 1을 취합니다. 결국 다음과 같은 대체 방식인 것입니다.

원문 메시지
I LOVE YOU

ASCII 코드 원문
1001001100110010011111010110100010110110011001111110
10101
열쇠 POSITION
1010000100111101001110010011010100100100110011111110
01110

암호문

00110010000011001110000111110010001001000000000000
11011

이 암호문을 아스키 코드에 따라 복원해 보면 엉뚱한 문장이 나옵니다. 그렇지만 열쇠를 알고 있는 수신자는 암호문을 아스키 코드로 된 원문으로 쉽게 되돌릴 수 있습니다.

광인 기법 면에서는 전위와 대체라는 전통적 방법 그대로 입니다. 컴퓨터 암호의 새로운 면이라면 이진수로 변환하는 과정을 한 번 더 거친다는 점뿐이고요.

바로 보았습니다. 아직 컴퓨터 암호 고유의 강력한 보안성과 편리함, 특히 열쇠를 다루는 안정성은 개발되지 않은 상태에 있었습니다. 그런 가운데서도 보안성 강화는 가능합니다. 전위와 대체라는 전통적 암호 기법을 보다 정교하게 변형시키고 다양하게 복합하는 방법으로 해결하려는 노력이 진행되었습니다. 원리적으로는 에니그마의 개선 과정에서도 보았던 것과 흡사하게, 해독을 어렵게 하는 보안성을 강화시켰습니다.

다만 컴퓨터의 등장으로 그 과정을 아주 쉽게 실행할 수 있게 된 거지요. 기계적 개선 방식으로는 아주 어렵거나 불가능한 장치를 컴퓨터는 프로그램만 잘 짜면 척척 처리해 주며 속도도 무척 빠르니까요.

광인 앞에서 소개하신 DES 암호가 그런 것인가요?

그렇습니다. 이쯤에서 현대 암호의 분류를 알 필요가 있습니다. 이진수로 숫자화된 메시지를 암호화할 때, 일정 길이의 구간씩 블록이라는 단위로 끊어 암호화하기도 하고 한 비트씩을 단위로 일일이 암호화하기도 합니다. 전자를 블록 암호라 부르고 후자를 스트림 암호라 부릅니다.

DES(Data Encryption Standard) 암호는 블록 암호의 대표적 예입니다. 블록 암호는 대개 열쇠도 블록의 길이와 같으며, 한 블록 안에서 앞서 소개한 다양한 전위와 대체 기법을 여러 번 복합시키는 상당히 복잡한 과정을 거칩니다. 그럼으로써 제작한 암호문의 해독을 방지하는 보안성을 높입니다.

한편 스트림 암호는 열쇠 역시 연속되는 키 계열(Key stream) 또는 일회용 암호표(one-time-pad) 입니다. 이를 평문과 비트 단위로 배타적 논리합을 행함으로써 암호문

을 얻습니다.

견자 어느 방식이 더 우수한가요?

서로 장단점을 갖고 있습니다. 대체로 스트림 암호가 블록 암호보다 처리 속도가 빠르며, 전송 도중 1비트 왜곡 시 블록 암호는 당연히 블록 단위로 오류가 나는 데 비하여 스트림 암호는 해당된 비트만 오류가 나고 맙니다. 스트림 암호의 장점이지요.

그렇지만 블록 암호에는 필요하지 않은 초기값 설정을 스트림 암호에서는 해 주어야 하며, 무엇보다 키 스트림의 특성과 그 생성함수가 예측 가능하면 너무도 쉽게 해독된다는 단점이 있습니다. 그렇지만 깊이 생각해 볼 점은 따로 있습니다. 그것은 블록 암호와 스트림 암호 둘 다 공통된 치명적 한계가 있다는 점입니다. 그 공통의 한계는 무엇일까요?

힌트를 드린다면, 2가지 모두 암호문을 원문 메시지로 복원하는 과정이 정확하게 암호화 과정의 역순이라는 점을 떠올려 보라는 것입니다.

향원 복호 과정이 암호화 과정의 역과정을 거쳐야 한다면 암호 키와 동일한 키가 복호 과정에도 필요합니다. 그렇다면 암호 송수신자는 암호 제작 시에 사용한 열쇠를 수신자에게 전달해야 합니다. 암호문은 중간에 가로채여도 상관없지만 열쇠는 누출되면 바로 해독이 되므로 그 관리가 큰 문제일 수 있습니다.

맞았습니다. 현대의 암호는 암호화 기법보다는 그 암호를 푸는 키로써 보안성을 유지합니다. 즉 암호화 기법 자체는 학술적으로 만천하에 공개되어 있는 기법을 사용하지만 해당 키를 알아내기가 매우 힘들기 때문에 해독이 어렵습니다. 흔히 현대 암호는 알지만 풀 수 없는 문제라고 하지요. 그렇다 보니 암호 알고리즘보다는 열쇠 관리 문제가 훨씬 큰 비중을 차지하게 되었습니다.

견자 저는 열쇠 관리가 그렇게 어렵다는 생각이 들지 않아요. 그냥 잘하면 되지 않나요?

제2차 세계 대전 중 독일 사령부는 데이 - 키를 수록한 코드북을 1달에 1번씩 모든 지역의 에니그마 교환원들에게 전달해야 했던 어려움을 이해하고 있을 겁니다. 심지어는 장기간 항해 중인 U보트에도 코드북을 전달해야 하는 과업은 피할 수 없는 일이었죠.

컴퓨터가 출현했지만 그런 어려움은 마찬가지입니다.

은행을 예로 듭시다. 은행은 고객에게 개별 비밀 정보를 보내야 할 일이 많습니다. 따라서 암호화해서 보내야 합니다. 당연히 열쇠도 알려야 합니다. 가장 안전한 방법은 직접 만나서 열쇠만 전하는 방식이지만, 시간으로나 비용으로나 현실성이 없습니다. 따라서 암호문이 전달되는 경로가 곧 열쇠의 전달 경로이기도 한 상황입니다. 그런데 컴퓨터의 발달과 보급으로 그 이용은 불특정 다수에게 공개되어 있습니다. 그만큼 정보의 도청 가능성도 공개되어 있습니다. 따라서 열쇠가 누출될 가능성은 암호문이 도청될 가능성과 같은 것입니다.

동일한 공통의 열쇠를 송수신자끼리만 비밀리에 나눠 갖는 데에는 도청의 문제를 접어 두더라도 관리상의 어려움이 있습니다. 같은 컴퓨터 시스템 안에서 N명이 정보를 주고받는 경우, 준비해야 할 서로 다른 열쇠는 $\dfrac{(N-1)\times N}{2}$ 개입니다. 다량의 열쇠를 중복되지 않게 제작하는 문제와 다시 그것을 일일이 분배하는 문제, 필요한 열쇠 수를 줄이는 방법도 생각해 내야 합니다.

견자 열쇠 관리가 그토록 어렵다면 차라리 평문을 그냥 전달하는 편이 시간과 노력을 줄일 수 있지 않을까요?

그렇지 않습니다. 무엇보다도, 메시지를 보내야 하는 위기 상황이 발생하는 시점은 대체로 그것을 평문으로 안전하게 보낼 수 있는 시점이 아니라는 사실입니다. 반면에 메시지를 전달하고자 하는 것은 일종의 궁여지책이니 열쇠 제작 문제는 필연적입니다.

비록 컴퓨터가 암호를 제작하는 과정에 일대 혁신을 가져왔지만, 그것은 보완의 가장 취약한 고리가 열쇠 전달 문제로 집약됨을 의미하게 된 것입니다.

견자 컴퓨터가 등장함으로써 많은 문제가 해결되었지만 오히려 더 심각해진 부분도 있군요. 그것을 해결하기 위한 노력도 물론 뒤따랐겠죠? 지금까지도 문제가 해결되었나 싶으면 다른 문제가 발생하고, 그래서 불가능하다 싶으면 또 절묘하게 해결하고 하는 역사가 이어져 왔는데, 이번에는 어떤 돌파구를 찾았는지 정말 궁금해요.

남은 해결 방안은 딱 1가지입니다. 필연적으로 만들어야 하는 열쇠이기에 만들기는 하되, 암호 제작자의 열쇠와 암호를 푸는 수신자의 열쇠가 별개의 형태인 암호 체계를 만드는 것!

견자 그것이 가능할까요?

말은 쉽지만 실로 엄청난 발상이 아닐 수 없습니다. 그렇지만 궁하면 통한다는 말이 있듯이, 그 가능성을 찾는 기발한 발상이 있었습니다.

제자 일동 기대가 됩니다!

광인이 견자에게 은밀한 편지를 보냅니다. 향원은 단순 전달자입니다. 그냥 평문을 전달시키면 향원에게 노출됩니다. 고양이에게 생선을 맡긴 셈이지요. 그러므로 암호화해서 보내면서, 그것을 풀 수 있는 열쇠도 함께 보내는 것이 기존의 방식이었습니다. 그건 고양이에게 생선 가게를 맡긴 셈이라고 할 수 있지요.

그래서 열쇠는 보내지 않습니다. 하지만 암호 메시지만 달랑 받은 견자는 열쇠가 없으니 풀 수 없습니다. 그래서 아예 1번 더 암호화해서 광인에게 되돌려 보냅니다. 이중으로 잠

긴 암호문을 받은 광인은 자기 열쇠로 풀어서 견자에게 다시 보냅니다. 그때 견자가 받은 메시지에는 오직 자신이 잠근 암호만 걸려 있는 암호문입니다. 견자는 자신만이 가지고 있는 열쇠로 그 암호문을 풀면 됩니다. 번거롭긴 하지만 송수신자가 별개의 열쇠를 가진 상태에서도 비밀 통신이 이루어진다는 사실은 분명합니다.

우화 같은 이 짧은 이야기는 2000년 암호 역사상 최초로 열쇠 교환이 크립토그래피에서 피할 수 있는 과정이라는 희망을 보인 것입니다. 더구나 각자 하나의 열쇠만 간직하면 되므로 제작해야 할 서로 다른 열쇠의 숫자도 N개이면 됩니다. 하지만 2번 주고받는 과정은 치명적 약점으로 그 해결이 만만치 않았습니다.

견자 일단 희망은 가져볼 수 있겠어요. 물론 실제로 컴퓨터를 이용해서 실현되기도 했겠지요?

몇몇 사람들이 보여준 남다른 학문적 열정과 깊은 긴장 속에서도 희망을 잃지 않는 용기로 실현되었습니다. 이것을 가능하게 했던 원천은 수학이었습니다. 그 실현으로 암호의 역사는 새로운 절반에 해당하는 장을 열게 되었습니다.

즉, 컴퓨터 암호 등장으로 새로운 절반을 연 이후 그에 못지않은 쾌거가 이후 50여 년 만에 이루어진 것입니다.

역사는 새로운 절반의 세계를 최초로 열어 보일 때마다, 기존의 전체를 일괄해서 하나의 이름을 부여하며 분류합니다. 송수신자가 서로 동일하지 않은 열쇠를 갖기 때문에 비대칭 키라고 부름에 따라, 기존의 DES나 STREAM 방식은 일괄해서 대칭 키라고 분류합니다. 그리고 R.S.A.라는 대표적인 비대칭 키는 공개 키로 부르기도 합니다. 암호를 푸는 열쇠는 개인이 그냥 간직하고 있지만 암호 제작에 사용되는 열쇠는 만천하에 공개하기 때문입니다. 그에 따라 기존의 열쇠 보안이 요구되는 대칭 키 방식은 비밀 키 시스템이라는 이름으로 분류되기도 합니다.

따라서 공통 키, 대칭 키, 비밀 키 등은 동의어로 봐도 무방합니다. 또 개인 키, 비대칭 키, 공개 키 등도 개념상 동의어로 분류됩니다.

이런 사항은 사소해 보이지만 처음 암호학에 관심을 갖고 공부를 시작할 때 불필요한 혼란을 막기 위해 알아두면 좋습니다.

현대 암호일수록 열쇠의 중요성이 커지기 때문에 암호의 분류도 열쇠 형태에 따라 이루어진다는 사실을 확인할 수 있지요. 특히 공통 키와 공개 키를 혼동하기 쉬운데, 개념상 상반되는 형태임을 명심할 필요가 있습니다.

광인 비대칭 키 방식을 사용하면 암호 제작에 사용한 열쇠를 수신자에게 전달하지 않아도 된다는 장점에 대해 말씀하셨는데, 앞서 말씀하신 치명적 약점 즉, 메시지를 1번 더 주고받아야 하는 불편은 어떻게 해결했나요?

비대칭 키의 대표적 형태인 R.S.A. 암호의 경우 N명이 정보를 주고받을 때 N개보다 많은 2N개의 열쇠를 제작하는 것으로 해결했습니다. 공개 열쇠 N개와 개인 열쇠 N개로, 개인마다 공개 열쇠와 개인 열쇠 하나씩 배당하면 됩니다. 그래도 대칭 키 방식의 $\frac{(N-1) \times N}{2}$ 개보다는 훨씬 적습니다.

광인 비대칭 키 암호에 관해서는 아직 잘 모르겠습니다.

먼저 공개 키 암호 시스템에 대해 전체적인 요약을 해 봅시다.

공개 키 암호 시스템이 케케묵은 수학 이론인 페르마 소정리, 오일러 정리, 소인수분해와 나머지정리 등 정수론의 이론

몇 가지만 갖고도 충분하다는 사실은 많은 교훈을 줍니다.

꿈만 같던 공개 키 암호 시스템은 특히 소수와 관련된 일방향 함수의 수학적 특성을 적절히 활용함으로서 실현했습니다. 가장 안정된 R.S.A. 암호만 살펴보면 채택된 일방향 함수의 수학적 특성은 수학에서도 가장 유서 깊은 분야인 정수론의 소수 이론에 기반을 둡니다.

소수가 기본 연산인 곱셈의 단위수임에도 불구하고 그에 관해서 속속들이 알 수 없다는 문제, 이를테면 이어지는 소수들을 끊임없이 제시할 수 있는 소수 함수를 알아내려는 노력 등은 여전히 제자리걸음을 하고 있습니다. 제시된 아주 큰 수가 소수인지 아닌지를 판정하는 소수 판정법은 그런대로 미약한 개척을 해 나가고 있는 실정입니다. 그리고 아주 큰 수를 완전히 소수들만의 곱으로 표시하는 소인수분해는 소수 판정법에 비해서 훨씬 더 어렵습니다.

R.S.A. 암호는 결국 이 어려움의 정도 차이를 일방향 함수화하여, 수신자와 해독자에게 문제 해결 조건을 배타적으로 부여함으로써 가능한 암호 체계입니다.

광인 역설적으로 표현하면, 소인수분해라는 수학 문제가 쉬웠다면 불가능했을 암호 체계라 할 수 있겠네요!

그렇습니다. 만약 R.S.A. 암호가 궁극적 형태의 암호라면 정보 통신 보안을 높이기 위해서 일단 큰 소수 찾기 경쟁이 국가적 차원에서 일어납니다. 마치 제2차 세계 대전 때 독일이 에니그마의 스크램블러 수를 늘렸던 노력과 마찬가지로, 보다 큰 소수를 발견함은 보다 강력한 암호 제작의 원천으로 정보 통신의 우위를 차지하기 때문입니다.

다른 한편으로는 소인수분해 알고리즘 개발 경쟁도 국가적 차원에서 일어납니다. 마치 제2차 세계 대전 때 폴란드의 봄브에서 영국의 콜로서스 개발로 이어지는 연장선에서, 우수한 소인수분해 알고리즘은 더욱 강력한 암호 해독법 개발의 마지막이자 유일한 목표가 되기 때문입니다. 그리고 만에 하나, 소인수분해 알고리즘이 비약적으로 발전하여 보다 큰 소수 발견의 속도를 충분히 능가한다면 에니그마가 그랬듯이 R.S.A. 암호도 역사의 현장에서 사라지게 될 것입니다.

다른 공개 키 암호 시스템의 미래도 비슷합니다.

채택된 일방향 함수의 난이도 차이를 한편으로는 더욱 심화시키는 노력을 하며, 다른 한편으로는 축소시키는 노력을 병행합니다. 심화가 진행되는 한 그 암호 시스템은 존속하고, 목표는 심화의 선두에 서는 것이 됩니다. 축소가 진행되면 그 암호 시스템은 무력해집니다.

그런데 한 방향으로 발전을 이루면 다른 방향으로도 역시 발전을 이룹니다. 그럴 경우 정보 통신의 완전 독점이라는 사태도 일어날 수 있습니다. 자신의 정보는 절대 기밀을 유지하되 타자의 정보는 모두 해독하는 전횡적인 사태를 배제할 수 없습니다.

광인 지금은 어떤가요? 여전히 공개 키 암호가 궁극적인 암호 형태인가요?

그렇지 않습니다. 고전 암호의 최종적 형태인 에니그마 때문에 나도 한몫을 하며 암호의 새로운 패러다임으로 컴퓨터 암호를 열었듯이, 이후부터 지금까지의 컴퓨터를 싸잡아서 고전 컴퓨터로 분류하게 만든 양자 컴퓨터의 등장으로 다시 또 암호의 새로운 패러다임이 예견되고 있는 실정입니다.

따라서 주목받던 R.S.A. 암호를 비롯한 공개 키 암호 시스템에 상당한 제동이 걸린 상태입니다.

아직은 양자 컴퓨터가 실용화되기까지 20년쯤 걸릴 것으로 추산되지만, 소인수분해를 획기적으로 빠른 속도로 처리할 수 있기 때문에 R.S.A.암호의 보안성이 크게 줄어든 것은 사실입니다.

광인 에니그마 암호의 해독에 성공한 컴퓨터가 암호 제작에서도 대안이 되었듯이, 고전 컴퓨터 암호의 해독에 기여한 양자 컴퓨터가 암호 제작에서도 획기적인 대안이 될 수 있나요?

꼬리에 꼬리를 물고 이어지는 역사의 진행은 미래를 정확히 예측하기에는 미흡하지만 참고하기에는 충분한 정보를 제공합니다. 모든 분야의 역사가 그러하듯이 암호의 역사도 예외는 아닌 것 같습니다.

양자 컴퓨터로 구현되는 정보 통신 관련 특성에는 암호 제

수학자의 비밀노트

양자 암호의 장점
중간에서 도청이나 복사가 불가능하다.
0이나 1 외에도 두 숫자가 중첩된 상태로 전송이 가능하다.
암호를 모르면 영원히 풀지 못한다.
복사하거나 도청하는 순간 양자의 상태가 바뀌어 도청이 불가능하다.

양자 암호의 단점
현재까지 120km 이상의 거리에는 전송하지 못한다.
암호를 실은 양자를 증폭하지 못한다.
양자를 다루기가 극히 어렵다.

작을 획기적으로 가능하게 하는 것들이 많습니다. 특히 양자 원격 전송, 양자 정보의 복사 불가능성과 측정 비가역성 등은 암호의 핵심인 보안과 속도에 있어서 획기적인 진화를 짐작하게 합니다.

광인 선생님 말씀을 듣다 보니 마치 앞으로는 다른 암호 체계는 다 도태되고 오직 양자 암호만 사용되는 시대가 될 것 같은 생각이 드네요.

컴퓨터 과학 분야의 노벨상으로 불리는 최고 영예의 상이 바로 선생님을 기리는 뜻에서 1966년 제정된 '튜링 상'이지요. 그런데 1977년 리베스트(Ron Rivest, 1947~), 샤미르(Adi Shamir, 1952~), 애들먼(Leonard Adleman, 1945~)은 자신들의 이름 앞글자를 딴 R.S.A.암호의 연구를 체계화하여 2002년 튜링 상을 수상했다고 들었어요. 따라서 아직은 공개 키 암호 체계가 유효하다는 뜻이 아닐까하는 생각이 듭니다.

컴퓨터 과학의 아버지
튜링 Alan Mathison Turing, 1912~1954

영국의 수학자이자 논리학자인 튜링은 어려서부터 총명한 기질을 보였으며 특히 계산과 퍼즐에 능했습니다. 그는 1937년에 이미 현대 컴퓨터의 수학적 모델이라고 할 수 있는 '튜링 머신'을 고안해 냈습니다. 튜링 머신은 명령어와 프로그램에 의해 움직이는 가상의 기계로, 구멍 뚫린 종이테이프에 필요한 명령을 입력하면 마치 자동 기계처럼 작동하는 것이었습니다.

그는 미국 프린스턴 대학교에서 박사 학위를 받고 1938년 영국으로 돌아와 케임브리지 대학교의 특별 연구원으로 일하며 튜링 머신 개념을 발표했습니다. 하지만 그는 이것을 실제로 만드는 연구를 한동안 중단해야 했습니다. 제2차 세계 대전이 일어난 1939년 9월, 정부에서 설치한 암호 학교에 들어가 독일군의 에니그마 암호 해독에 기여해야 했기 때문입니다.

봄브(Bombe)는 그의 참여로 개발된 암호 해독기입니다. 그가 세계 최초의 프로그래밍이 가능한 디지털 전자 컴퓨터인 콜로서스(Colossus)를 1,500개의 진공관으로 만든 것은 1943년이었습니다. 이는 한동안 세계 최초의 컴퓨터로 알려진 '에니악(ENIAC)'보다도 2년여 앞선 것입니다.

튜링이 세운 전산 이론은 오늘날까지도 현대 컴퓨터의 이론적 바탕이 되고 있습니다. 또한 그는 1945에서 1948년에 국립물리학연구소의 계수형 전자계산기 제작 계획에 참가하였고, 1948년 맨체스터 대학의 계산연구소 부소장이 되어 당시 세계에서 가장 큰 기억 용량을 가진 대형 계산기를 제작하였습니다. 1950년에는 '인공 지능'에 관한 논문을 발표하기도 했습니다. 따라서 컴퓨터 과학에 중요한 업적을 남긴 사람들에게 매년 수상하는 '튜링 상'은 그를 기리기 위한 것입니다.

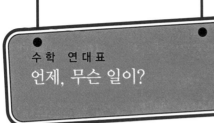

수 학 연 대 표
언제, 무슨 일이?

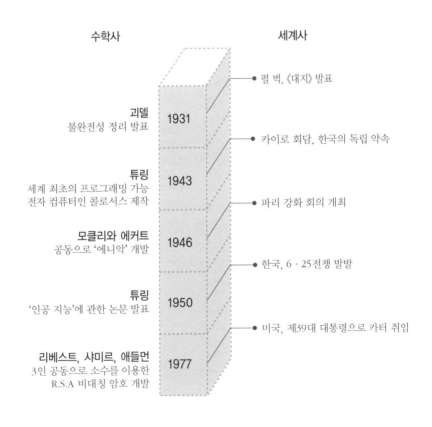

수학사		세계사

수학사

세계사

● 펄 벅, 《대지》 발표

괴델
불완전성 정리 발표 **1931**

● 카이로 회담, 한국의 독립 약속

튜링
세계 최초의 프로그래밍 가능
전자 컴퓨터인 콜로서스 제작 **1943**

● 파리 강화 회의 개최

모클리와 에커트
공동으로 '에니악' 개발 **1946**

● 한국, 6 · 25전쟁 발발

튜링
'인공 지능'에 관한 논문 발표 **1950**

● 미국, 제39대 대통령으로 카터 취임

리베스트, 샤미르, 애들먼
3인 공동으로 소수를 이용한
R.S.A 비대칭 암호 개발 **1977**

1. 평문의 알파벳 빈도 비는 암호문에서의 알파벳 빈도 비와 일치합니다. 이를테면 암호문에서 가장 높은 빈도를 보이는 철자가 b라면 그것은 영어 평문의 실제 최빈 철자인 □ 를 대체한 사이퍼인 것입니다.

2. 발생 빈도 비에 근거하여 암호를 해독하는 기법을 □□ □□□ 이라 합니다. 여기에 이 기법을 막는 □□ □□□ 도 같이 발달했는데, 가장 강력한 형태는 비즈네르가 고안한 □□ □□ 사이퍼를 사용하는 것입니다.

3. 튜링은 세계 최초로 프로그래밍이 가능한 디지털 전자 컴퓨터인 □ □□□ 를 만들었습니다.

4. 소수 이론을 이용하면 암호의 열쇠를 주고받지 않아도 되는 현대 암호를 만들 수 있습니다. 암호를 만드는 열쇠는 아예 공개하기 때문에 □□ □ 암호라고 부르기도 하고, 이를 개발한 3명의 머리글자를 따서 □□□ 암호라고 부르기도 합니다. 따라서 암호를 푸는 열쇠는 쌍방이 같이 가지지 않기 때문에 □□□ 암호라고도 합니다.

미래의 창과 방패,
양자 컴퓨터와 양자 암호

현재 사용되고 있는 가장 안전한 암호로 평가받는 비대칭 R.S.A 암호는 아주 큰 숫자는 소인수분해하기가 매우 어렵다는 수학 이론에 바탕을 두고 있습니다. 그리고 이를 구현하고 있는 것이 컴퓨터이며, 암호 해독이 어렵다는 안전성도 지금의 컴퓨터의 한계에서 비롯됩니다.

하지만 지금 사용하고 있는 고전 컴퓨터와는 달리 양자 역학에 기반을 둔 혁신적인 양자 컴퓨터가 등장하면 기존의 한계를 뛰어넘을 수 있습니다. 지금의 컴퓨터로는 250자리의 수를 소인수분해하려면 80만 시간이 걸릴 것이라고 예상됩니다. 만약 1000자리 수라면 10^{25}시간이 필요한데, 이는 우주의 나이보다도 더 많은 시간입니다. 그러나 양자 컴퓨터로는 몇십 분 정도면 충분할 것이라고 합니다. 또한 현재의 컴퓨터로는 해독하는 데 수백 년 이상 걸리는 암호 체계는 양자 컴퓨터를 이용하면 불과 4분 만에 풀어낼 수 있습니다. 이처럼 양자 컴퓨터의 뛰어난 연산 속도는 암호 해독의 창을 날카롭게 할 것입니다.

그렇지만 이것을 암호 이론에 적용하면 절대적으로 안전한 것으로 평가받는 양자 암호라는 방패도 만들 수 있습니다. 양자 암호에서는 광자(빛의 최소 알갱이) 1개에 1비트의 정보를 실어 그 편광 상태로 0과 1을 구별합니다. 이렇게 함으로써 광자를 분해하는 것은 불가능하고, 만일 광자를 도난당해도 편광 상태의 변화로 도난 사실을 알 수 있어 '도청 불가능성'을 보장할 수 있습니다. 여기에 암호화 키를 1회로 사용하는 일회용 암호표(one-time-pad) 기법까지 조합함으로써 절대 안전한 암호의 실용화 연구가 진행되고 있습니다.

찾 아 보 기

어디에 어떤 내용이?